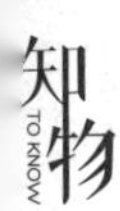

环球科学新知丛书

21世纪的数学

Mathematics in the 21st Century

《环球科学》杂志社　编

探索人类认知的边界

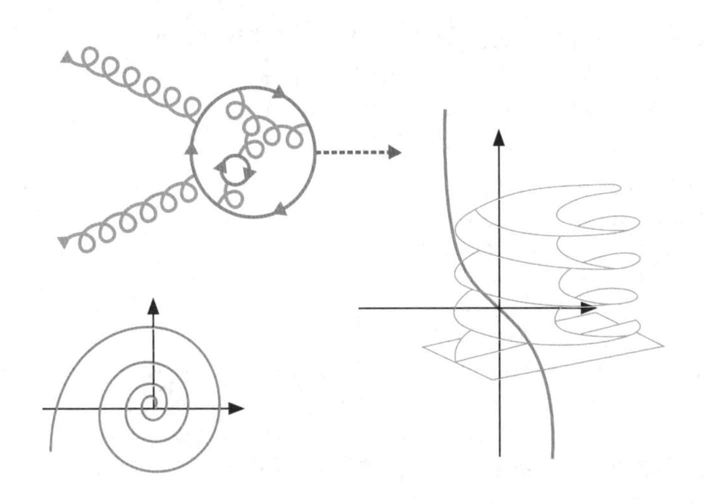

机械工业出版社
CHINA MACHINE PRESS

数学是人类智慧的结晶，是科学实践中的强有力工具。它与我们的生活息息相关，同时伴随着人类文明的发展而不断进化。21世纪的数学已经演变成一种抽象的艺术形式，具有其独特的内在审美价值。本书精选了全球十几位杰出科学家的研究成果，从纯数学理论的研究前沿，到数学与生命、物理及人类文化的关系，再到数学所存在的固有局限性，展示了现当代的伟大数学成就。本书既适合学生拓展视野、增加学习兴趣，又适合教师作为教学参考书。广大的数学爱好者也能从中获益。

图书在版编目（CIP）数据

21世纪的数学：探索人类认知的边界 /《环球科学》杂志社编. — 北京：机械工业出版社，2023.9

（环球科学新知丛书）

ISBN 978-7-111-73845-9

Ⅰ. ①2…　Ⅱ. ①环…　Ⅲ. ①数学－普及读物　Ⅳ. ①O1-49

中国国家版本馆CIP数据核字（2023）第184571号

机械工业出版社（北京市百万庄大街22号　邮政编码100037）

策划编辑：蔡　浩　　　　责任编辑：蔡　浩

责任校对：韩佳欣　陈　越　　责任印制：李　昂

天津市银博印刷集团有限公司印刷

2024年4月第1版第1次印刷

148mm × 210mm · 8.25印张 · 153千字

标准书号：ISBN 978-7-111-73845-9

定价：69.00元

电话服务
客服电话：010－88361066
　　　　　010－88379833
　　　　　010－68326294

网络服务
机　工　官　网：www.cmpbook.com
机　工　官　博：weibo.com/cmp1952
金　　书　　网：www.golden-book.com
机工教育服务网：www.cmpedu.com

前　言

跨越千年的数学

1960 年，诺贝尔物理学奖获得者尤金·维格纳发表了名为《数学在自然科学中不合理的有效性》的文章。这篇文章立足于很广泛的学科背景，为其他科学家解答了不少疑问。哪怕是 60 多年后的今天，他的许多观点都为人所津津乐道。

随着人类生产生活实践的飞速发展，数学也在经历着惊人的蜕变。几百年前，数学家普遍还认为自己是在探求客观世界的真理。在公元前 3 世纪诞生的极具影响力的欧几里得著作《几何原本》，就刻画了我们现在所熟知的欧氏几何，或者叫平面几何。《几何原本》中的公理，即书中那套理论框架所基于的最原初的假设，是依据人们所认为的、能够用于精确地反映现实世界中物体运行规律的原则而挑选出来的。无独有偶，牛顿当时创建微积分理论的初衷，也是为了将他的物理学建立在坚实的基础之上；而微积分的运算法则又基于牛顿本人对真实世界中物体运动的感知。

然而，今天的数学家不再坚定地笃信他们的公理基础是正确的了。对于一组给定的公理体系，他们对其背后可能蕴含的深刻理论更感兴趣，而不论公理本身是否一定成立。欧氏几何本质上就是从这样一组公理体系中孕育出来的；而对于两条平行“直线”看上去会互相背离对方远去的双曲几何而言，它们存在的背后又是另一套不太一样的公理假设。从某种意义上说，数学成了一个思想实验的集合体，成了从假设出发不断延长的推理链条；而这些假设在任何真实世界的背景之下是否真的成立还是一个未知数，甚至并不重要。数学演变成了一种抽象的艺术形式，开始形成一种内在的审美价值。

“看似脱离实际”的数学如今依然是科学实践中强有力的工具，这完全是一个奇迹，因为科学本身是为验证真实世界中的假设而服务的。但是数学模型和统计分析等手段在其他科学领域中的重要性的确在显而易见地凸显。

在这本书中，我们着重呈现了《科学美国人》杂志自千禧年以来发表的一些数学瑰宝。在第 1 章中，我们收录了几篇关于在过去几十年间基础数学领域中最重大成果的文章，它们是纯数学理论研究的前沿之作。在第 2 章中，我们探索了数学与生命，描述了数学建模是如何帮助科学家理解生物学的。第 3

章则讲述了数学如何为物理学服务。这两个领域数千年以来就互相纠缠在一起，直至今天也一直持续地相互促进和发展。第4章探讨了数学在人与人相互联系的社会文化中所扮演的角色，话题涵盖了政治、艺术、密码的保护与破解等。

尽管数学在用模型刻画世界和精确计算上不断创造着愈加强大的工具，我们也必须考虑到数学所存在的固有局限性。在第5章中，我们将带来一篇深藏在数学宝库之中的佳作，那就是1956年库尔特·哥德尔关于不完备定理的颠覆性探索。他深刻地证明了，不论我们选取怎样的公理体系，也不论我们从公理体系出发进行多么深入的研究，总存在一些数学永远没法回答的问题。从那一刻起，数学再一次进化了——数学家开始进一步努力，不断地探求这门学科的局限性，试图界定人类认知的边界究竟在何处。

伊芙琳·兰姆

（Evelyn Lamb）

目　录

前言　跨越千年的数学

第 1 章
数学前沿

拯救宇宙中最宏伟的定理　002
空间的形状　017
N 维球堆积问题　037

第 2 章
数学与生命

计算生命起源　044
贝壳上的数学规则　050
免疫系统的记忆缺陷　059
破解大脑的密码　073

第 3 章
数学与物理

广义相对论背后的故事　078
古老数系助力弦论　094
谁保护了墨西哥湾　109
新数学发现新粒子?　119

第 4 章
数学与人类文化

几何学与选区的不公正划分 136
用数学破解密码 150
数学创造艺术 170

第 5 章
数学的极限

哥德尔证明 180
推理的极限 214
不可解的物理问题源于数学 233

21世纪的数学

探索人类认知的边界

第1章

数学前沿

拯救宇宙中最宏伟的定理[⊖]

年老的数学家正在与死神赛跑，为的是保存“宏伟定理”
长达 15000 页的证明，它将有限单群分为了四个类别。

斯蒂芬 · 奥尔内斯（Stephen Ornes）
方 弦 译

2011 年 9 月一个凉爽的周五晚上，在朱迪丝 · L. 巴克斯特（Judith L. Baxter）和她丈夫，数学家斯蒂芬 · 史密斯（Stephen Smith）位于伊利诺伊州奥克帕克的家中，种类数不胜数的菜肴铺满了好几张桌子。什锦餐前小点、家常肉丸、奶酪拼盘和烤虾串旁簇拥着西饼、法式肉冻、橄榄、三文鱼配莳萝以及茄子酿菲达干酪。甜点的选择包括——但不仅限于——一个柠檬马斯卡普尼干酪蛋糕以及一个非洲南瓜蛋糕。夕阳渐落，香槟徐启，六十位宾客，其中半数是数学家，他们吃着喝着，喝着吃着。

⊖ 本文写作于 2015 年。

宏大的场面正适合这个为巨大的成就举办的庆功会。晚宴中的四位数学家——史密斯、迈克尔·阿施巴赫（Michael Aschbacher）、理查德·莱昂斯（Richard Lyons）、罗纳德·所罗门（Ronald Solomon）——刚出版了一本书，延续着 180 多年来的工作，全面概述了数学史上最大的分类问题。

他们的专著并未荣登任何畅销书榜，这可以理解，毕竟这本书叫《有限单群分类》（*The Classification of Finite Simple Groups*）。但对于代数学家而言，这本 350 页的巨著是一座里程碑。它是一般分类证明的摘要，或者说是导读。完整的证明多达 15000 页——有些人说接近 10000 页，而且散落在由上百名作者发表的数百篇期刊论文中。它证明的结论被恰到好处地称为“宏伟定理”（Enormous Theorem，定理本身并不复杂，冗长的是证明）。史密斯家中的丰盛佳肴似乎正适合褒奖如此宏大的成就。它是数学史上最庞大的证明。

但现在它处于险境。2011 年的这本著作只是勾勒出了证明的梗概。实际文献无与伦比的篇幅将这个证明置于人类理解能力的危险边沿。“我不知道有没有人将所有东西都读过了。”所罗门说。他现在 66 岁，整个职业生涯都在研究这个证明。（他两年前刚从俄亥俄州立大学退休。）在庆功会上接受庆祝的所罗门以及其余三位数学家，可能是当世仅有的理解这个证明的人，而他们的年岁令每个人担忧。史密斯 67 岁，阿施巴赫 71 岁，莱昂斯也已经 70 岁了。“我们现在都老了，我们想在为时已晚之前将这些想法传递下去，”史密斯说，“我们可能会死，或者退休，或者把东西忘掉。”

这种损失同样“宏伟”。简而言之，这项工作为群论这门关于对称性的数学研究带来了秩序。而关于对称性的研究，又对现代粒子物理学等科学领域至关重要。标准模型（standard model）是解释宇宙中存在的所有基本粒子（无论是已经知道的还是尚待发现的）的性质和行为的基本理论，它依赖于群论提供的关于对称的工具。在最微观的尺度上，有关对称的巧妙想法曾经帮助物理学家建立了一些实验中用到的方程，而这些实验又帮我们发现了一些奇异的基本粒子，比如组成我们熟悉的质子与中子的夸克。

同样是在群论的指引下，物理学家产生了一个令人不安的想法：质量——也就是一本书、你本人以及你触手可及放眼可见的所有东西包含的物质的量——实际来源于某种基本层面上的对称破缺。循着这个想法，物理学家发现了近年来最有名的粒子：希格斯玻色子，只有对称在量子尺度上轰然崩塌，这种粒子才能存在。有关希格斯玻色子的想法在 20 世纪 60 年代就从群论中浮现出来，但这种粒子直到 2012 年才被欧洲核子研究中心的大型强子对撞机在实验中发现。

对称性这个概念，是说某样事物能经受一系列变换——旋转、折叠、反射、在时间中移动等，并在所有这些改变之后，看上去仍保持不变。从夸克的配置到星系的排布，对称在宇宙中无处不在。

宏伟定理以确定无疑的精确性证明，任意的对称性都能被分解并按照共性归类到四大类别之中。在那些专注于对称性研究的数学家，或者说群论学家的眼中，这个定理是一个伟大的成就，无论是概括性、重要性还是基础性，它都不逊于化学家眼中的元素周期表。在未来，它可能会带来关于宇宙结构和现实本质的其他深刻发现。

当然，前提是它不是像现在这样的一团乱麻。整个证明的方程、推论和猜想散落在超过 500 篇期刊论文中，有一些被埋在厚厚的书卷里，填满了希腊字母、拉丁字母以及其他用在复杂难懂的数学语言中的字符。给这场混乱雪上加霜的是，每位贡献者都有其特有的写作方式。

这团乱麻的问题在于，如果证明并非每个部分各在其位，整个证明就摇摇欲坠。要类比的话，想象一下组成吉萨大金字塔的超过两百万块石头杂乱地散落在撒哈拉沙漠上，只有寥寥几个人知道怎么将它们重新整合。如果宏伟定理没有一个更易理解的证明的话，未来的数学家就只有两个艰难的选择：要么在没有充分理解机理的情况下盲目相信那个证明，要么“重新发明轮子”

（没有一个数学家会对第一个选项感到自在，而第二个选项几乎不可能实现）。

史密斯、所罗门、阿施巴赫与莱昂斯在 2011 年共同整理的提纲正是一个雄心勃勃的存续计划的一部分，这个计划的目的是让下一代的数学家也能理解这个定理。“从某种意义上来说，今天绝大多数人把这个定理当成一个黑箱。”所罗门痛惜地说。计划的主要目标是将林林总总的证明碎片整合起来，得到一个精简的证明。这个计划是在 30 多年前制订的，但直到现在只完成了一半。

如果一个定理很重要，那么它的证明更是加倍重要。证明能确立定理的真实可靠性，也能让一个数学家说服另一个数学家，哪怕远隔重洋，甚至跨越世纪。这些陈述又孕育出新的猜想与证明，令数学的合作精神能延续千年。

英格兰华威大学（The University of Warwick）的因娜·卡普德博斯克（Inna Capdeboscq）正是投身于这个定理之中的寥寥可数的几位年轻研究员之一。她现年 44 岁，语气温和，充满自信，在谈起理解宏伟定理的重要性时，她两眼放光。“分类是什么？给你一张列表，这有什么意义？”她思索道，“我们知不知道列表上的每个东西是什么？如果不知道的话，那它们仅仅是一堆符号而已。”

四个宏伟的类别

对称性能分解为基本的单元，它们被称为有限单群，就像化学元素一样，它们的不同组合构成了更大更复杂的对称性（实际上，还存在所谓的“连续群”，同样作为对称，它们并不能分解为有限单群）。

宏伟定理将这些群整理为四个类别。尽管证明非常冗长，定理本身仅仅是列出了所有四个类别的一句话：所有有限单群要么是素数阶循环群，要么是交错群，要么是李型群，要么是 26 种散在单群之一。以下是这些类别的简介：

素数阶循环群是最初被归类的基本单元。将正五边形旋转五分之一个圆周，或者说 72°，它看上去并没有变化。旋转五次，我们就回到了出发点。循环群的元素不断循环往复。每个循环的有限单群的元素个数都是素数。拥有偶数个元素的循环群能被分解，所以它们不是单群。

交错群来自集合中元素的置换[㊀]。包含所有可能的置换的群是置换群，但交错群只包含其中一半的置换，即偶置换。举个例子，假设你有一个包含 1、2、3 三个数字的集合，一共有 6 个置换群：（1,2,3），（1,3,2），（2,1,3），（2,3,1），（3,1,2）以及（3,2,1），

㊀ 将相异的对象或符号根据确定的顺序重排，每个顺序都称为一个置换（排列）。——编者注

但交错群只包含其中 3 个。从对称的角度来说，每个这样的排列可能对应于一系列的对称操作（比如将立方体向前滚一格，然后向侧面滚一格，等等）。

李型群的名字来自十九世纪的数学家索弗斯·李（Sophus Lie），它们更为复杂。这些群与所谓的无限李群有关。无限李群是由某个空间中使容积守恒的旋转构成的群。比如说，有无数种旋转甜甜圈而不改变它外观的方法，这些无限群在有限群中的对应物就是只拥有有限种旋转的李型群。绝大多数有限单群都属于这个类别。无论是无限的李群还是有限的李型群，它们都并不局限于我们所在的平平无奇的三维空间中。想谈论 15 维空间中的对称性？那就看看这些群吧。

散在单群是由不能归类的群组成的类别。它包含 26 个与其他类别格格不入的例外。（想象一下包含名为“流氓”一列的元素周期表。）最大的散在单群叫魔群（Monster group），它的元素超过 10^{53} 个，能在 196883 维的空间中被忠实地表达出来。它令人不解，非同寻常，没人真的知道它意味着什么，但它的确引人深思。“我私下有个希望，一个无凭无据的希望，”物理学家弗里曼·戴森（Freeman Dyson）在 1983 年写道，“在 21 世纪的某个时刻，物理学家会碰上魔群，它会以某种出人意料的方式被构筑在宇宙的结构之中。”

现实最深处的秘密

早在19世纪90年代，数学家就开始梦想证明这个定理，当时名为群论的新领域刚刚站稳脚跟。在数学中，“群”用于指代一个集合，它的元素之间有着由某种二元运算带来的联系。如果你将这个运算应用到群中任何两个元素上，得到的还是群中的元素。

对称操作，或者说不改变某个物体外观的运动，正好符合这个要求。作为例子，假设房间里有一个立方体，每条边都涂上了相同的颜色。将这个立方体旋转90°、180°或者270°，旋转之后的立方体看起来与原来一模一样。把立方体翻转过来，让它底朝上，它看起来也没有变化。如果你离开房间，让一位朋友旋转或者翻转这个立方体——或者一系列旋转和翻转的组合——那么当你回来时，你不会知道这位朋友做了什么操作。总共有24种不同的操作方式不会改变立方体的外观，这24种操作构成了一个有限群。

有限单群就像原子，它们是构成其他更大的东西的单元。有限单群组合起来，就会变成更大、更复杂的有限群。就像元素周期表一样，宏伟定理将这些群整理出来。它断言每个有限单群都属于三个类别之一——或者属于由疯狂的离群者组成的第四个类别。这些离群者中最大的一个被称为魔群或怪兽群，它的元素

个数超过 10^{53}，存在于 196883 维空间中。（甚至有一个叫“魔群学”的完整研究领域，研究者在数学和科学的其他分支中寻找这个“怪兽”的踪迹。）第一个有限单群是在 1830 年之前被发现的，到了 19 世纪 90 年代，数学家对这些基础构件的追寻有了新的进展。研究者也开始认为这些群能够被一张很大的表格囊括。

20 世纪早期的数学家为宏伟定理奠定了基础。然而，定理的证明主体直到 20 世纪中叶才开始成形。在 1950 年至 1980 年之间——罗格斯大学（Rutgers University）的数学家丹尼尔·戈伦斯坦（Daniel Gorenstein）将这段时间称为“三十年战争”（thirty years war），一群重量级的数学家将群论这个领域推进到了前所未及之处。他们发现了许多有限单群，并为它们分好了类。这些数学家把手上长达 200 页的手稿当作“代数砍刀”，在抽象的密林中披荆斩棘，揭示对称性最深层次的基础。普林斯顿高等研究院的弗里曼·戴森将所发现的这一连串奇异而美丽的群称为“壮丽的动物园”。

那是一段梦幻的时代。现在已经是佛蒙特大学教授的理查德·富特（Richard Foote）当时是剑桥大学的研究生，有一次他坐在一间阴冷的办公室，亲眼见证了两位著名的研究者——现在在佛罗里达大学工作的约翰·汤普森（John Thompson）和在普林斯顿大学工作的约翰·康威（John Conway）——在反复推敲某个特别难缠的群的细节。“那真是让人惊叹，就像两尊泰坦巨人脑袋之间在电闪雷鸣，”富特回忆道，“他们在解决问题时，似乎从来就不缺乏美妙绝伦而独辟蹊径的技巧。那真是惊心动魄。”

证明中两个最关键的里程碑正是出现在这数十年间。在 1963 年，数学家沃尔特·费特（Walter Feit）和约翰·汤普森阐述了寻找更多有限单群的方法。在这个突破之后，戈伦斯坦列出了一个证明宏伟定理的十六步方案——这个计划将一劳永逸地让所有有限单群各就其位。它的内容包括整理所有已知的有限单群，寻找缺失的单群，将所有单群分成合适的类别，以及证明除此之外没有别的有限单群。这个计划非常宏大、野心勃勃而又难以驾驭，有些人甚至认为它无法实现。

心怀大计的人

但戈伦斯坦是个具有超凡号召力的代数学家，他的远见令新的一群数学家热血沸腾。与有限单群的字面意思不同，他们的抱负既不“简单”也不“有限”，他们希望能够名垂青史。“他有着过人的气度，”现居罗格斯的莱昂斯说，“他在构思问题与解答时锐意进取，在说服其他人帮助他时又令人信服。”

所罗门说自己对群论是“一见钟情”，他遇到戈伦斯坦是在 1970 年。当时美国国家科学基金会正在鲍登学院（Bowdoin College）举办一个关于群论的暑期学校，每周都会请数学大家来校园做讲座。对于当时还是研究生的所罗门来说，戈伦斯坦的来访让他印象深刻，甚至到现在仍然历历在目。这位刚从马萨岛的避暑别墅过来的数学家，无论是外表还是谈话都令人震撼。

“在遇到他之前，我从来没见过穿着鲜粉色裤子的数学家。”所罗门回忆道。

所罗门说，在 1972 年，大多数数学家认为那个证明到 20 世纪末也完成不了。但 4 年后，终点已然在望。戈伦斯坦认为，证明加快完成主要应归功于加州理工大学教授阿施巴赫创造性的方法与狂热的步调。

证明如此庞大的原因之一，是它要保证有限单群的列表是完整的。这意味着列表必须囊括每一个基本单元，而且不存在遗漏。通常证明某种东西不存在——比如说证明不存在额外的有限单群——要比证明它存在更困难。

在 1981 年，戈伦斯坦宣布证明的初版已经完成，但是他的庆祝为时过早。在某篇特别棘手的 800 页论文中出现了一个问题，人们几经争论才将它成功解决。一些数学家偶然也会宣称在证明中发现了新的问题，或者发现了不遵循定理的新的群。不过直到现在，这些断言都无法撼动整个证明，而所罗门也表示他深信证明没有问题。

戈伦斯坦很快看出这个定理的文献已经变成一团四处蔓延且毫无秩序的乱麻。这是毫无计划的发展所导致的结果。于是他说服了莱昂斯——然后在1982年他们两个突然拉上了所罗门——来一起打造一个修订版，让证明的陈述变得更易懂更有序，它将会成为所谓的第二代证明。莱昂斯说，他们的目标是规划好证明的逻辑，让后来者不必重新论证。另外，这项努力也会将共计15000页的证明削减到仅3000页或4000页。

戈伦斯坦设想着完成这样一套著作，它们将所有迥然不同的片段整齐地收集起来，精简整个逻辑以去除不规范与冗余之处。在20世纪80年代，除了那些曾经奋战在证明前线的老将以外，没有人理解整个证明。毕竟数学家们已经在这个定理上工作了数十年，他们希望能与后来者分享他们的工作。戈伦斯坦担心他们的工作将会佚失于尘封的图书馆内厚重的书籍中，而第二代证明将会平息他的忧虑。

戈伦斯坦没有看到最后一块拼图的就位，更没能够在史密斯和巴克斯特的房子里举杯。他于1992年在马萨岛因肺癌去世。“他一直没有停止过工作，”莱昂斯回想道，“在他去世之前的那天，我们谈了三次话，都是关于那个证明的。没有什么告别之类的东西，我们谈的全都是工作。”

又一次证明

第二代证明的第一卷在1994年出版。它比一般的数学著作更侧重解释，在预计能完全容纳宏伟定理证明的30节内容中，它只包含了两节。第二卷在 1996 年出版，之后的卷目延续到现在——第六卷在 2005 年出版。

富特说，第二代证明每部分之间的契合比原来更好。“已经出版的部分写法更一致，条理更是清晰多了，”他说，“从历史的角度看，将证明整理到一起非常重要。否则它在某种意义上就会变成口耳相传的东西。即使你相信证明已经完成，它也变得让你无法检查了。”

所罗门和莱昂斯在这个夏天就会完成第七卷，而一小群数学家已经开始着手第八卷和第九卷了。所罗门估计，精简后的证明将会长达 10 卷或者 11 卷，也就是说，修订版的证明到现在只出版了一半多一点。

所罗门留意到，这共计 10 卷或者 11 卷的著作仍然不能完全涵盖第二代证明。即使是精简过的新证明仍然引用了增补的卷目和以前在别处证明的定理。某种意义上说，这种延伸正体现了数学是在不停积累的：每个证明都不仅是当时的产物，还牵涉此前数千年以来的思考。

在《美国数学学会通报》（*Notices of the American Mathematical Society*）2005 年的一篇文章中，伦敦国王学院的数学家 E. 布莱恩 · 戴维斯（E. Brian Davies）指出：“这个证明从未被完整写下来，可能永远也写不下来，目前看来，也没有任何人能单枪匹马地理解它。”他的文章提及了这个令人不安的想法：有些数学工作可能已经复杂到了让凡人无法理解的地步。戴维斯的话促使史密斯与他的三位合作者写下了在奥克帕克的聚会上众人庆祝完成的那本相对简明扼要的著作。

宏伟定理的证明可能超出了绝大部分数学家的能力，更不用说那些好奇的数学爱好者了，但它整理出的原理为未来提供了一件无价的工具。数学家长久以来就习惯了这样的情况，他们证明出来的抽象真理往往要在数十年甚至数百年之后才能在本领域以外得到应用。

“未来会让人很兴奋，原因之一是它难以预测，”所罗门说，“未来的天才们会带来我们这一代人中没有人想到过的主意。有一种诱惑，一种愿望和梦想，它会告诉我们，还有更加深刻的理解方法等待被发现。”

下一代人

数十年来的深刻思考不仅推进了证明，也建立了一个共同体。同样曾接受过数学训练的朱迪丝·巴克斯特说，群论学家组成了一个不同寻常的社会群体。“研究群论的人通常是一生的朋友，”她说，“你在会议上碰到他们，跟他们一起旅行，跟他们一起聚会，这真是一个美妙的集体。”

毫不意外，这些体验过完成第一次证明所带来的兴奋的数学家，渴望将它的思想保存下来。为此，所罗门和莱昂斯召集了其他数学家来帮助他们完成新版本的证明，将它保留到未来。这并非易事：许多年轻数学家将这个证明视为已经完成的工作，他们更渴望做一些别的东西。

除此之外，致力于重写一个已经被确立的证明需要一种对群论的无畏热忱。所罗门在卡普德博斯克身上看到了熟悉的群论狂热爱好者的影子，她是接过完成第二代证明这把火炬的屈指可数的年轻数学家之一。她在上过所罗门的一门课后就深深地迷上了群论。

“我很惊讶，我竟然记得阅读并完成习题，而且觉得很喜欢。那太美好了。”卡普德博斯克说。就在所罗门请她帮忙弄明白一些最后被写进第六卷的缺失部分之后，她就迷上了第二代证明的工作。

卡普德博斯克将这项工作比作改进一份草稿。戈伦斯坦、莱昂斯和所罗门列出了计划，但她认为见证证明的所有部分各归其位是她和另外几位年轻人的工作。她说道：“我们有路线图，只要跟着走，最后就能完成证明。”

空间的形状

一位俄罗斯数学家证明了困扰人们100年的庞加莱猜想，
并完成了三维流形的分类。

格雷厄姆·P. 柯林斯（Graham P. Collins）
季 策 译

起身、环视四周、绕圈走、跳起、挥动手臂——将你视为一系列粒子的集合的话，你的运动都发生在一个向四周延伸直至数百亿光年的三维空间的一小块区域内。这个三维空间被称为三维流形。

流形（manifold）是一种数学对象。从伽利略和开普勒以来，物理学就在利用各具特点的数学理论描述现实世界的道路上节节胜利，流形的数学理论就是其中一种。物理学家告诉我们，任何事件都发生在三维空间的背景幕布前。（暂且忽略弦论学家的猜测，他们认为宇宙除了有显而易见的三个维度之外，还有额外的维度。）宇宙是三维的意味着我们需要三个数字（坐标）来描述粒子的位置。比如在地球附近，我们就可以选取经度、纬度和离海平面的高度作为坐标。

根据牛顿力学和经典量子物理的假定，万事万物运行其中的这个三维空间应当是固定且永恒不变的。与此相反，爱因斯坦的广义相对论将空间本身也作为活跃的角色：两点之间的距离会受到附近的质量 / 能量分布以及它们传递的引力波的影响。但不论我们考虑牛顿的物理学还是爱因斯坦的物理学，不论对应的空间是有限的还是无限的，空间总可以被表示为一个三维流形。于是理解三维流形的性质对我们彻底认识物理学，乃至其他所有自然科学的基础至关重要。（四维流形同样很重要：时间和空间一起构成一个四维流形。）

数学家对三维流形所知甚多，但一些最基本的问题却被证明是最困难的。拓扑学（topology）是研究流形的数学分支。拓扑学家关于三维流形所提出的最基本的问题包括：最简单的、其上有着最平凡结构的三维流形有哪些？它是否是唯一的，有没有和它等价的同样简单的三维流形？三维流形可以分成多少类？

第一个问题的答案是人们早已知晓的：三维球面是最简单的紧三维流形。（非紧的流形可以被认为是无限延伸的或者有边界的。这里我们只考虑紧的流形。）后两个问题的答案在近百年间悬垂在知识之树上等待人们抓取。直到 2002 年，俄罗斯数学家格里戈里·佩雷尔曼（Grigori Perelman）基本证明了著名的庞加莱猜想（Poincaré conjecture），也许回答了上面的问题。

庞加莱猜想早在1904年由法国数学家亨利·庞加莱（Henri Poincaré）提出，它指出三维球面是所有三维流形中最简单的，没有其他三维流形拥有和三维球面同样简单的性质。那些更复杂的三维流形要么是有边界的，就像一堵你会迎面撞上的砖墙；要么是多连通的，连接两点的路径就像在丛林中的小路先分开再汇合一样。庞加莱猜想称三维球面是唯一没有全部上述复杂结构的三维流形。这意味着任何同样不具备以上结构的三维物体都可以连续形变成三维球面，这样的话在拓扑学家眼里，这个物体就和三维球面完全等价。佩雷尔曼的证明也回答了前面提到的第三个问题，即所有三维流形的分类。

我们需要开动思维来想象三维球面长什么样——它并不是我们常见的球面（二维球面），但它有着许多我们很熟悉的二维球面所拥有的性质。如果你拿来一个球形的气球，那么气球的表面就是一个二维球面。被称作二维是因为在它上面要想确定一个点的位置需要两个坐标——经度和纬度。而且，如果用一个放大镜只观察气球表面一个很小的圆盘区域，你会发现它和二维平面上的一个小区域非常相像。它只有很小的曲率（相比平面仅有些微的弯曲）。对在气球表面爬行的一只小虫来说，爬行在气球表面就像爬行在平面上一样。但如果它沿着自己认为的直线爬行足够远的话，最终它会回到起点。

与之相似的是，一只在三维球面上的无限小的小虫——或者像宇宙一样大的三维球面上的人——就会认为自己待在一个“通常”的三维空间。但如果它沿着任意一个直线方向行进足够远的话，它最终会环绕这个三维球面一周并发现自己回到了起点，就像小虫在气球表面上爬行或者一个人环绕地球飞行时所感受到的那样。

也存在其他维数的球面。一维球面你一定很熟悉——就是圆（指的是圆盘的边界，而不是整个圆盘）。一个 n 维球面通常也记作 n– 球面。

球面的多维乐章

对三维球面——庞加莱猜想的核心，我们需要更努力地直观理解它。数学家在证明高维空间的定理时不需要真的看到它们。他们只需要依靠对相似的低维空间形成的直觉总结出高维空间抽象的性质（当然这种相似性不仅仅是字面意思）。而普通人也可以通过熟悉的低维空间的例子去形成高维空间的概念。三维球面恰好就是这样的例子。

1 首先考虑一个通常的圆盘，它的边界是一个圆。对数学家而言，这个圆盘就是一个“二维球”，而作为边界的圆就是“一维球面”。一个任意维数的“球”指的是内部被填满的这个空间，就像一个实心的棒球；而“球面”指的是球的表面，就像气球一样。圆是一维的是因为我们只需要一个坐标（比如角度）去确定圆上的位置。

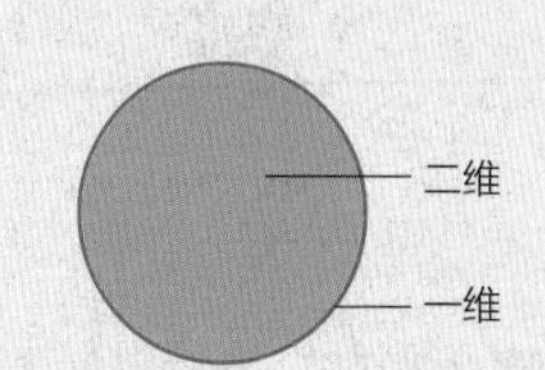

2 现在我们可以用两个圆盘来构建一个二维球面。把一个圆盘挤成一个半球形，就像北半球（面）那样，再把另一个圆盘挤成南半球（面）那样，然后将两个半球面沿着它们的边界粘起来，形成赤道。这样我们就得到了一个二维球面。

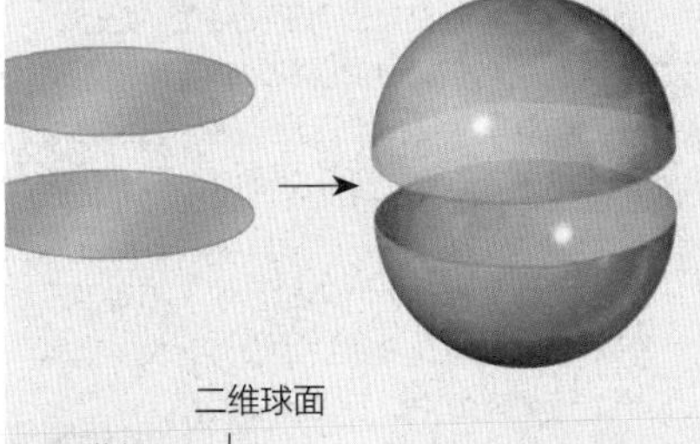

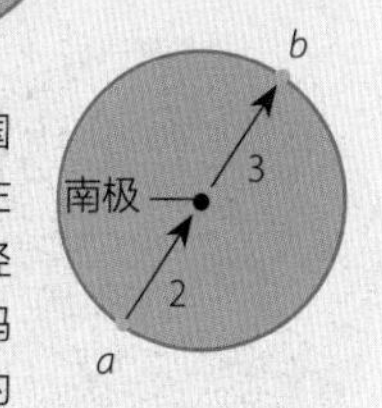

二维球面
北极
b
a
南极
赤道

3 想象一只蚂蚁从北极出发，沿着国际日期变更线所在的经线（图中左边的经线），以及穿过英国格林尼治的经线（图中右边的经线）爬行。我们看到蚂蚁沿着直线 1 出发到达北半球（圆盘）的边界 a 点，然后穿过南半球（圆盘）沿着直线 2 和 3 经过南极到达 b 点，最后回到北半球（圆盘）并沿着直线 4 回到北极。我们通过描述蚂蚁在圆盘上的运动，描述了对应的环绕球面的路径。唯一麻烦的部分是需要搞清楚它何时会穿越圆盘的边界从一个圆盘到达另一个圆盘。

b
南极
3
2
a

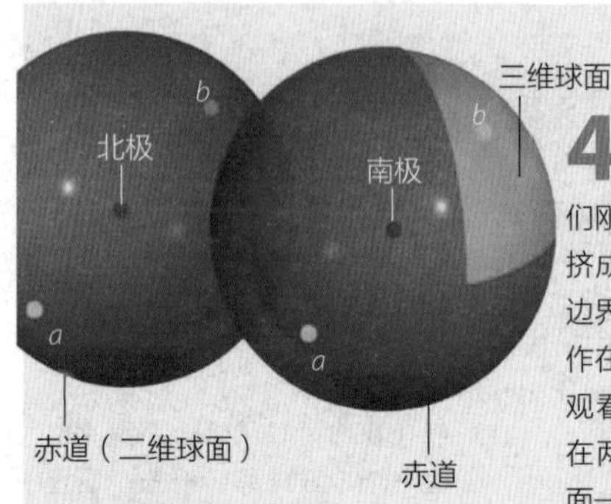

4 接下来考虑二维球面和它所包裹的三维球（也就是通常的球体），重复我们刚才的操作。用两个相同的球体把它们挤成三维圆盘（半球面），并且把它们的边界（也就是球面）粘起来。因为这个操作在四维空间才能实现，所以我们无法直观看到，但也不需要。我们只需要知道在两个球的表面——也就是两个二维球面——上的所有对应点都被粘在一起，就像我们把两个圆盘的圆粘成赤道那样。这样我们就得到了一个三维球面。它是四维球体的表面。（在四维空间中，一个物体的表面是三维的。）我们自然也可以把这两个球体分别称为北半球（体）和南半球（体）。我们称北半球的中心为北极（就像称二维圆盘的中心为北极那样）。

5 然后想象这些球足够大，一个人从北极发射火箭飞船。最终他抵达了“赤道”，也就是包裹着整个北半球的二维球面（1）。然后他越过“赤道”到达了南半球，沿直线穿过“南极”并再次来到赤道（2 和 3）。最后他返回到北半球并回到北极，也就是旅途的起点（4）。我们想象了一个人沿着四维球体的表面环绕一周的运动！

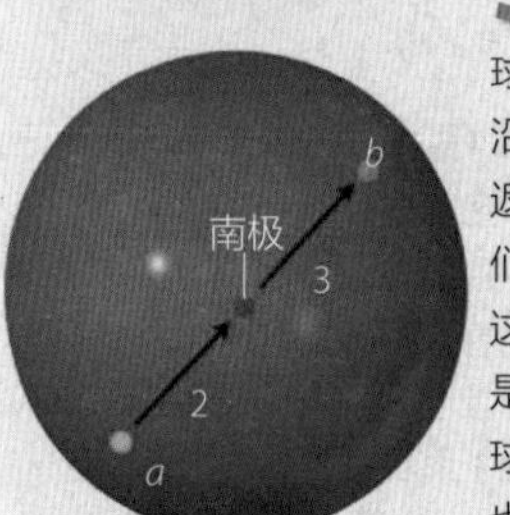

这个由两个三维球体沿着表面黏合得到的三维球面，就是庞加莱猜想应用的空间。我们的宇宙也许也有着三维球体的形状。

也可以继续延伸到五维，得到一个四维球面，但想要直观看到发生了什么就更困难了。类似地，任意的一个 n 维球面都可以由两个 n 维球体沿着它们的 $n-1$ 维边界球面黏合得到。得到的 n 维球面也就是 $n+1$ 维球体的边界。

证明猜想

在庞加莱给出关于三维球面的猜想之后，直到半个世纪过去，它的证明才有了真正的进展。在 20 世纪 60 年代，数学家证明了五维与更高维度球面的对应猜想。在每个维数上，n 维球面都是唯一、最简单的 n 维流形。矛盾的是，更高维球面的猜想证明起来反而比三维和四维球面要容易。四维球面这个非常困难的情形在 1982 年被证明。于是只有最初的三维庞加莱猜想尚待解决。

通往三维问题的最重要一步是在 2002 年 11 月迈出的。圣彼得堡斯捷科洛夫数学研究所的数学家佩雷尔曼在 arXiv（数学家和物理学家发布新研究的常用网站）上发表了一篇论文。这篇论文并没有提到庞加莱猜想，但看过文章的拓扑学专家们立刻意识到这篇论文和庞加莱猜想高度相关。佩雷尔曼于 2003 年 3 月发表了第二篇论文，在 4 月和 5 月前往美国，在麻省理工学院和石溪大学召开了一系列研讨会分享自己的结果。近十家顶尖研究所的数学家团队开始讨论他的文章，验证每一个细节，寻找可能存在的错误。

在石溪大学，佩雷尔曼受邀开设了两周正式和非正式的讲座，每天要讲 3~6 个小时。“他回答了每一个问题，都讲得很清晰明白，”石溪大学的数学家迈克尔 · 安德森（Michael Anderson）回忆道，“没人提出任何严肃的怀疑。”安德森认为还需要证明一小步来完成整个结果，“但没人怀疑最后一步的正确性”。第一篇论文包含了基本的想法，并得到了检验和接受。第二篇论文包含应用和更多的技术细节，它尚未赢得第一篇论文所得到的信心。

庞加莱猜想的证明者将获得 100 万美元的奖励：它是美国剑桥市的克雷数学研究所在 2000 年提出的千禧年大奖难题[⊖]之一。佩雷尔曼的证明必须被发表而且经过两年的检验后，他才有权获得这个大奖。（当然研究所决定将他在网上发布的行为同样视为“发表”，因为他的文章得到了同行的仔细评审，和其他正式发表的论文一样。）

佩雷尔曼的工作发展并完善了哥伦比亚大学的理查德・S. 哈密顿（Richard S. Hamilton）在 20 世纪 90 年代提出的研究项目。克雷数学研究所在 2003 年末为哈密顿的工作颁发研究奖。而佩雷尔曼的计算和分析则清除了哈密顿无法克服的几个路障。

如果佩雷尔曼的证明是正确的——正如人们期待的那样——它将完成比庞加莱猜想本身更大的工作量。由康奈尔大学的威廉・瑟斯顿（William Thurston）提出的瑟斯顿几何化猜想给出了三维流形的完全分类。三维球面作为唯一具有崇高的极简性的三维流形，锚定了这个精美的分类猜想的基础。如果庞加莱猜想被证明是错误的——意味着有多个和三维球面一样“简单”的三维

⊖ 又称世界七大数学难题，包括 P/NP 问题、霍奇猜想、庞加莱猜想、黎曼猜想、杨 – 米尔斯存在性与质量间隙、NS 方程解的存在性与光滑性、BSD 猜想。——编者注

流形而它们彼此之间无法互相转化的话——瑟斯顿所期望的三维流形的分类将会爆发出无穷多种可能性。所幸的是，通过佩雷尔曼和瑟斯顿的结果，我们对所有三维流形可能的形状有了完整的目录——这也是我们的宇宙（只考虑空间不考虑时间的意义下）可能具有的所有形状。

橡皮甜甜圈

为了更深入地理解庞加莱猜想和佩雷尔曼的证明，你必须了解一点拓扑学。在这个数学分支里，物体的精确形状是不重要的，物体就像是用橡皮泥做的一样，你可以任意地拉伸、压缩、弯曲。但为什么我们要关心由虚拟的橡皮泥形成的物体和空间呢？这是因为物体的精确形状，也就是物体上任意两点之间的距离，组成了物体的几何结构，但这个结构并不是基本的。通过考虑橡皮泥模型，拓扑学家会发现物体的那些最基本的性质，这些性质甚至和它的几何结构无关。研究拓扑学就像探索人类的共有性质一样，我们设想一个橡皮泥人，他可以被塑造成任何一个具体的人，那么这个橡皮人所拥有的性质就应当是所有人所共有的性质，尽管人与人之间千差万别。

如果你读过一些拓扑学的大众读物，你很可能会遇到古老的真理，告诉你拓扑学家无法分辨一个带柄的水杯和一个中间有空洞的甜甜圈。重点是你可以简单地把橡皮泥水杯的杯壁和杯底一起压缩到杯子的手柄上，把它捏成一个甜甜圈的形状。其间并不需要额外打洞或者把其中一些部分黏结起来。而相反的是，如果想把一个球揉成甜甜圈的形状，你要么需要在中间打一个洞，要么需要把球揉成一个圆柱体，然后将两端黏结起来。因为需要黏结或者打洞，橡皮泥形式的球和甜甜圈对拓扑学家来说就是不同的。

最让拓扑学家们感兴趣的是球和甜甜圈的表面，所以我们不再想象球和甜甜圈是实心的，而是把它们当成两个气球，只考虑它们的表面。在这种情况下，它们的拓扑依然是不同的，球形的气球没有办法变成环形的气球，这个环形的气球在数学上被称为环面。那么在拓扑上，球面和环面就是两个不同的物体。早期的拓扑学家开始探索有没有其他不同的拓扑物体以及如何描述它们。对二维的物体，也就是所谓的曲面，答案非常干净整洁：不同的曲面只和它们上面有多少“环柄”有关。

直到 19 世纪末，数学家才理解了如何对曲面进行分类。在所有的曲面中，他们知道球面是唯一的最简单的曲面。自然地，他们开始好奇三维流形。最开始的问题就是：三维球面是否在简单的意义上也是唯一的，就像二维球面那样？从这个基本问题诞生之后，足足百年的历史长河上都漂浮着各种错误的步骤和错误的证明。

亨利 · 庞加莱打算直面这个问题。他是活跃在 19 世纪和 20 世纪之交的最伟大的两个数学家之一[㊀]。庞加莱被称为最后的全

㊀ 另一个是大卫 · 希尔伯特（David Hilbert）。

才——他对所有数学分支都有所研究且绝非浅尝辄止，不论是基础数学还是应用数学。除了在诸多数学领域不断推进之外，他还对天体物理、电磁学以及科学哲学做出了贡献（他还写了一些广为传阅的科普读物）。

庞加莱在很大程度上创造了代数拓扑这一数学分支。在1900年前后，他使用代数拓扑的技术，发展了一套描述物体拓扑的量度，被称为同伦（homotopy）。为了确定一个流形的同伦，假设你在这个流形上嵌入一个闭合的圆圈，这个圆圈可以在流形上以任何方式运动、扩张和收缩。我们接下来想问：这个圆圈如果紧贴在流形上移动而不离开流形，总是可以收缩到一个点吗？对环面来说答案是否定的。如果这个圆圈在环面的圆周上运动的话，它不可能收缩到一点——它的收缩过程会在抵达甜甜圈的内环处截止。同伦就是一种描述圆圈可以收缩到何种形状的量度。

在 n 维球面上，不论这个圆圈沿着何种复杂的路径移动，它总可以收缩到一点（在运动过程中我们允许圆周穿过它自己）。庞加莱感觉唯一的允许其上所有圆圈都能收缩到一点的三维流形只有三维球面，但他无法证明。后来这个命题就成为了著名的庞加莱猜想。数十年间，许多人声称证明了猜想，但他们都被证明是错的（为了准确性，我们这里不关心两种复杂情形：不可定向的流形以及带边界的流形。例如莫比乌斯带，即由一个圆环带子从中间撕开，将一端扭转180° 并与另一端再次黏结得到的流形，就是不可定向的带边流形。切下一个圆盘的二维球面也是一个带边流形。)

二维曲面的拓扑

在拓扑学中，物体的准确形状，或者说几何，是不重要的。就像所有物体都是用橡皮泥做的，可以通过延展、压缩和扭曲进行形变。但是我们不允许切除和黏结。因此，在拓扑学中，所有有一个洞的物体，比如最左侧的带手柄的咖啡杯，等价于最右侧的甜甜圈。

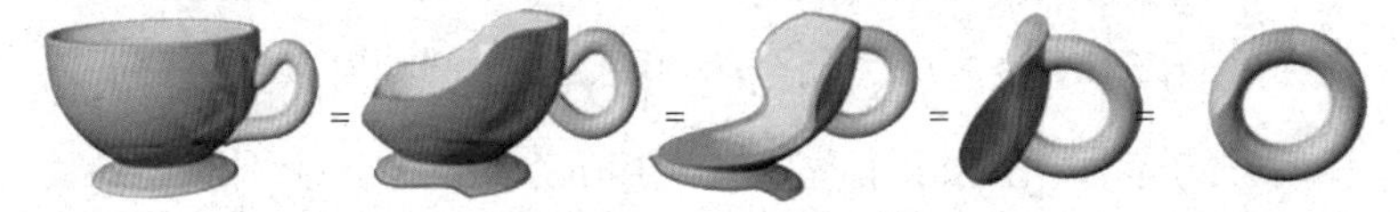

每一个可能的二维流形，也就是二维曲面（我们只考虑紧的可定向的），可以通过找到一个球面（像气球一样，下图 a）并在其上添加环柄得到。添加一个环柄得到亏格 1 曲面，也就是环面（上图右侧）。添加两个环柄可以得到亏格 2 曲面（下图 b），以此类推。

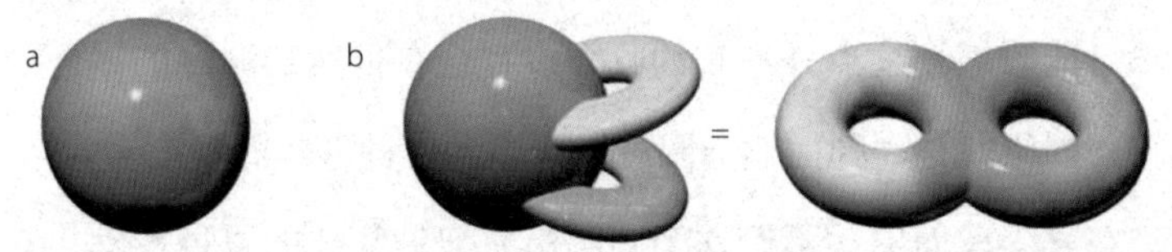

二维球面是唯一的允许嵌入在其上的所有闭合圆圈都能收缩到一点的二维曲面（下图 a）。而环面上的圆圈则会在中间的洞附近被“捕捉”（下图 b）。每个不是球面的二维曲面都有环柄，这些环柄会捕捉那些闭合圆圈。庞加莱猜想称三维球面在所有三维流形中也是唯一的：其上的所有圆圈都可以收缩到一点。而在其他的三维流形上，这个圆圈会被捕捉。

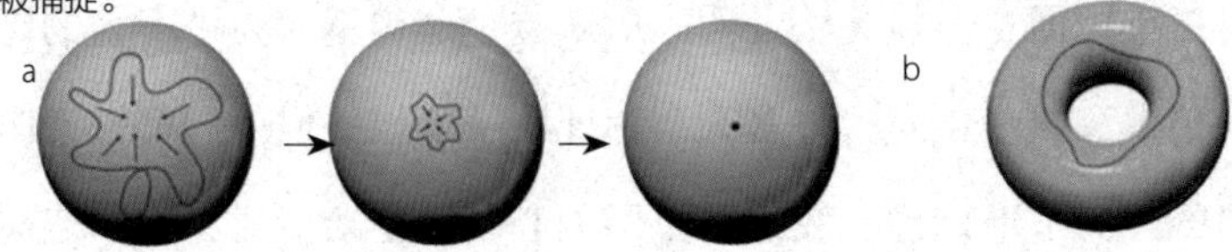

几何化

佩雷尔曼的证明是最早给出仔细研究的证明。他分析三维流形的方法与一种被称作几何化的程序相关。几何学与物体或流形的精确形状相关：对几何学来说，物体不是由橡皮泥做成的，而是由陶瓷制成的。比如一个杯子就与一个甜甜圈有着不同的几何：它们表面的曲线形状互不相同。人们称杯子和甜甜圈是两个具有不同几何的拓扑环面的例子（只要杯子有一个闭合环柄）。

为了建立几何化如何帮助佩雷尔曼的直觉，我们需要考虑几何学如何被用来分类二维流形（曲面）。每个拓扑曲面对应着独特的标准几何结构，曲面的曲率被均匀地分布在这个几何结构上。对拓扑球面来说，这个几何结构就是标准的正球面。一个蛋壳形状的流形是另一种可能的拓扑球面的几何结构，但它的曲率不是均匀分布的：蛋壳的小头的弯曲程度会比大头更高一些。

二维流形对应三种几何结构：球面有着正曲率，就像山顶的形状那样；几何化环面是平坦的，它的曲率为 0；有着两个或者更多环柄的曲面具有负曲率。负曲率就像马鞍的形状一样：沿着前后移动，曲线是向上的；而沿着左右移动，曲线是向下的。庞加莱（还能是谁呢？）与保罗·克伯（Paul Koebe）、费利克斯·克莱因（Felix Klein，也就是克莱因瓶名字的起源）共同给出了二维流形的几何化分类。

很自然地，人们尝试对三维流形采用同样的方法。对每一个三维流形，是否可能找到一组标准的、具有均匀的曲率分布的几何结构来描述它呢？

结果表明三维流形比二维流形要复杂得多。大多数三维流形都不能找到一个统一的几何结构与之对应。相反的是，它们必须被切分成小块，这样每一块才能对应一个不同的标准几何结构。此外，不同于二维流形有三种标准几何结构，三维流形切分成的小块可以对应于八种标准几何结构中的任意一种。对每个三维流形的切分过程在某种意义上类似于将一个数分解为唯一的素数乘积的过程。

几何化

二维流形可以通过“几何化”的方法进行分类。这种方法意味着将它们对应到标准的具有固定形状的几何结构，尤其是每个几何形状都具有均匀分布、处处不变的曲率。

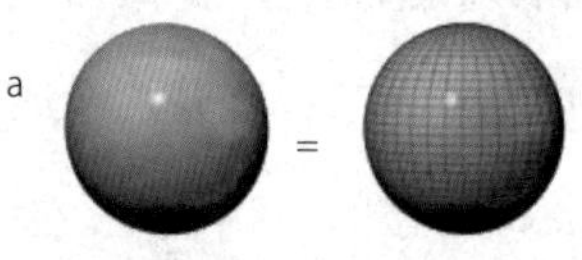

球面（a）就是有常正曲率的标准结构，其上的每个点都像山顶一样凸出来。环面（b）则可以被展成平面——每个点都是零曲率。为了搞清这个过程，我们可以想象先把环面从中间切开，并且将其展开得到一个圆柱面，进一步沿着圆柱的高切开，就能展开得到一个平面。而有着更高亏格的曲面（c）则有着常负曲率的结构，其他细节取决于环柄的个数。这里常负曲率曲面被表示为一个马鞍形状。

三维流形的分类与二维流形相似但却复杂得多，最终由佩雷尔曼的工作完成。一般地，一个三维流形必须被切分成小块，每个小块都可以被形变为八种标准三维几何结构之一。下面这个例子（被画成了二维流形的卡通形式，因为我们需要在四维空间才能画出三维流形的全貌，但我们做不到）是由等价于下面五种标准结构的小块黏结而成：常正曲率三维球面（a）、三维平面（b）、常负曲率三维曲面（c）以及二维球面与圆周的“乘积”、负曲率曲面与圆周的“乘积”。

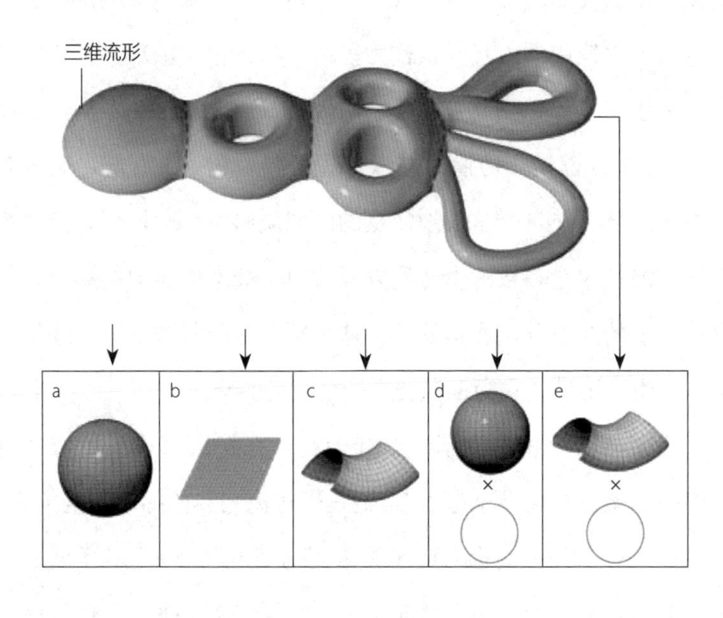

这个分类方法最早由瑟斯顿在 20 世纪 70 年代末给出猜想。他和同事证明了这个猜想的极大一部分，但是他们并未掌握整个系统依赖的那些关键点，包括体现庞加莱猜想的部分。三维球面是唯一的吗？直到佩雷尔曼发表了他的论文，这个问题以及瑟斯顿猜想才得到完全解决。

我们如何尝试几何化一个流形，也就是说，在其上给出一个统一的曲率？其中一个方法是从某种特定的几何结构出发，比如一个有着许多凸起和凹陷的蛋壳，然后把所有不规则的地方光滑化。哈密顿在20世纪90年代早期开始发展三维流形的这一套分析方法，他使用的工具是被称为里奇流的方程（由数学家格雷戈里奥·里奇－库巴斯特罗（Gregorio Ricci–Curbastro）的名字命名）。这个方程与热传播的方程有些相似。在一个有着冷热分布的系统内部，热量会自发地从热的区域流向冷的区域，直到整个系统的温度完全一致。里奇流方程对曲率会产生相似的影响，它会让流形的曲率分布变得统一，抹平所有的凸起和凹陷。如果你从一个蛋壳出发，它会逐渐变成一个完美的球面。

哈密顿的分析遇到了一个绊脚石：在特定情形下，里奇流会将一个流形捏成一个奇点。（这是里奇流与热传播不同的地方，那些捏成一点的空间会对应于无限高的温度。）一个例子就是一个哑铃形状的流形，两个球面由一个细管连接起来。在作用里奇流的过程中，两个球面会膨胀，从细管吸取材料，最终让中间坍缩为一点。另一个可能的例子是当在流形上添加细杆的时候，里奇流会产生一种被称作雪茄型奇点的特殊点。当一个流形具有奇点时，我们称它为奇异流形——它不再是一个真正的三维流形。在一个真正的三维流形中，每个点附近的一小块区域都和通常的三维空间是一样的。但在奇点附近这样的性质消失了。绕开这个绊脚石的方法必须等待佩雷尔曼的到来。

佩雷尔曼在 1992 年来到美国开始博士后研究。他在纽约大学和石溪大学待了几个学期，之后在加州大学伯克利分校学习了两年。他证明了几何学中许多重要和深刻的结果，很快为自己赢得了学术新星的名声。他获得了欧洲数学会颁发的奖项（但他拒绝领取），并收到了享有盛誉的世界数学家大会的邀请（他接受了）。在 1995 年春天，他获得了一系列接触过的数学研究所的职位邀请，但他拒绝了所有职位，回到了家乡圣彼得堡。他的美国同事这样评价道："从文化上讲，他是一个非常典型的俄罗斯人，他很不在乎物质生活。"

回到圣彼得堡，佩雷尔曼可以说完全消失在了其他数学家的视野之外。直到多年之后，他仅有的学术活动的迹象就是他极其罕见地给自己的前同事们发邮件，比如会指出他们发表在网上的论文中的一些错误。而所有试图询问他的研究进展的邮件都石沉大海。

最终，在 2002 年底，几位数学家收到了佩雷尔曼的邮件，被告知他在数学网站上发表了一篇论文。这些邮件一如既往地简洁，只是说他们可能会感兴趣的。这个轻描淡写的声明预示着他开始向庞加莱猜想发起进攻。在论文的预印本中，除了表明和斯捷科洛夫研究所的联系，佩雷尔曼也提到了他在美国博士后职位上所获得的资金支持。

在他的论文中，佩雷尔曼在里奇流方程上添加了新的一项。这个修改过的方程不会彻底消除奇点的麻烦，但它让佩雷尔曼可以进一步地分析。对哑铃型奇点他证明了可以对其进行“手术”：将奇点两侧的细管切断，并且将两边哑铃球面上的切口用球面形状的小帽子封住。然后在“手术”过后的流形上就可以继续应用里奇流，直到遇到下一个奇点，再重复这样的方法。他同时证明了雪茄型奇点不可能出现。通过这种方法，任何三维流形都可以被约化成一系列小块，每块都对应于一个标准的统一几何结构。

当里奇流和“手术”作用在所有可能的三维流形上，任何与三维球面一样简单的流形（也就是与三维球面具有相同同伦型的球面）最终都与三维球面有相同的统一几何结构。这个结果意味着在拓扑上，这个流形就是三维球面。换句话说，三维球面在最简单的意义上是唯一的。

处理奇点

应用里奇流方程证明庞加莱猜想并给出三维流形几何化的努力在佩雷尔曼到来之前遭遇了障碍。里奇流在逐渐改变三维流形的形状时，偶尔会带来被称为奇点的麻烦。一个例子就是当流形是哑铃形状的时候（a），连接的细管会被捏成一个点（b）。而另一种雪茄型奇点也被认为是可能出现的。

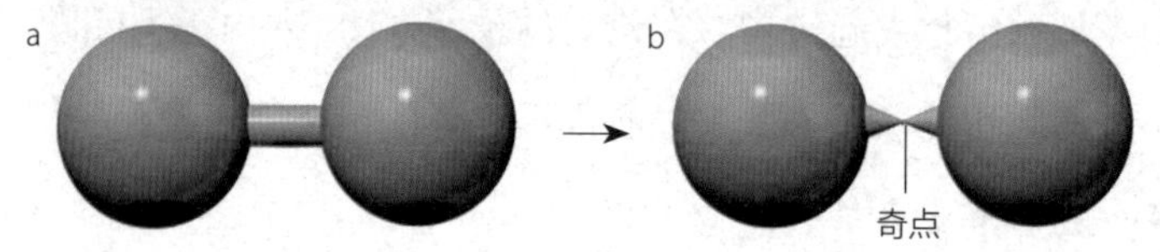

佩雷尔曼通过“手术”来处理里奇流中产生的奇点。当一个流形的区域开始坍缩为奇点，它两侧的小区域可以被切除（c）。切口可以被替换为小的球面，这样里奇流就可以继续了（d）。这个过程可能需要在其他区域坍缩的时候重复数次，但佩雷尔曼证明这个过程会在重复有限次后最终停止。他还证明了雪茄型奇点永远不会出现。

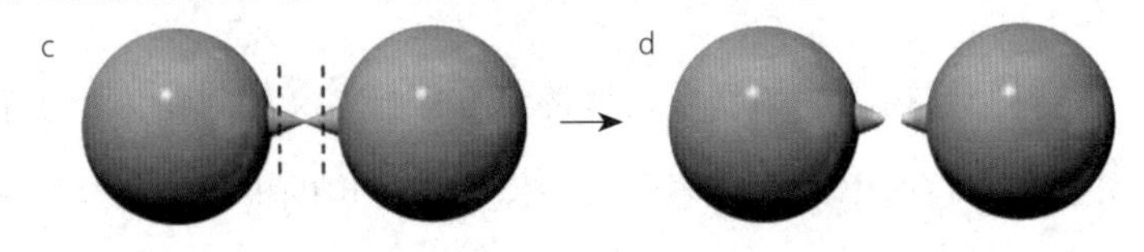

在证明庞加莱猜想之外，佩雷尔曼的研究也因为他所引入的创新性的分析技术而十分重要。数学家已经基于他的工作或使用他的技术发表了许多论文。此外，他的工作也揭示了数学与物理学的一些奇妙联系。哈密顿和佩雷尔曼使用的里奇流与物理中被称为重整化群的对象相关。重整化群表征相互作用的强度变化如何与碰撞的能量相关。例如，在低能量状态下，电磁相互作用的强度可以表示为 0.0073（大约 1/137）。但如果两个电子以接近光速的速度迎面相撞，作用强度则接近 0.0078。

增加碰撞能量等价于在更小尺度上研究力的作用。于是重整化群就像一个有放大倍数功能的显微镜，可以上下调节用来更精细或更粗略地检验物理过程。相应地，里奇流就像一个在给定的放大倍数上观察流形的显微镜。在某个倍数下可以看到的凸起和凹陷在另一个倍数下就会消失。物理学家期望在大约 10^{-35} 米，也就是普朗克长度的尺度上，我们所生活的空间会大不相同——

就像有着很多圆圈和环柄以及其他拓扑结构的“泡泡”一样。描述物理相互作用变化的数学与描述流形几何化的数学是非常相似的。

另一个与物理学的联系是里奇流方程与广义相对论方程也有密切关系，它可以用来描述引力的作用和宇宙的大尺度结构。更奇妙的是，佩雷尔曼在里奇流上添加的那一项还出现在弦论中。弦论是引力的一种量子理论。他的技术能否揭示广义相对论和弦论的更多新信息尚待观察，但如果确实是这样，佩雷尔曼将不仅告诉我们抽象的三维空间的形状，而且会告诉我们所处的这个宇宙的形状。

N 维球堆积问题[⊖]

最近，乌克兰数学家维亚佐夫斯卡解决了 8 维和 24 维情形下的球堆积问题。

伊芙琳 · 兰姆（Evelyn Lamb）
宋英奇　译

1611 年，德国数学家约翰尼斯 · 开普勒（Johannes Kepler）提出了一个猜想，这个猜想涉及以最小的剩余空间进行橙子或球堆叠的最密堆积问题。从人类长久以来的生活经验来看，似乎没有哪种堆叠方式是优于在那些标准农产品杂货店中堆叠货物的方式的，但是开普勒不知道如何证实这一点。400 年后，匹兹堡大学的数学家托马斯 · 黑尔斯（Thomas Hales）最终证明了这些杂货商的确是最具先见之明的。但是，球的最密堆积问题绝不仅仅只限在我们司空见惯的三维世界中讨论——数学家们还能在任意

⊖ 本文写作于 2016 年。

维数的假想空间中考虑这一问题。

2016 年 3 月，作为洪堡大学柏林数学学院的博士后研究员，乌克兰数学家玛琳娜・维亚佐夫斯卡（Maryna Viazovska）解决了 8 维的球堆积问题；仅仅一周后她再次同几个合作者将她在解决 8 维情形时的方法拓展到了 24 维的情形。伴随着 8 维和 24 维情形的解决，人们渐渐认识到了球堆积问题本质上的确有奇异之处：因为仅有 1、2、3、8、24 这五个维度的情形被数学家们攻克下来了，但是 8 和 24 这两个维度看上去似乎太过随机了。维亚佐夫斯卡所取得的一系列突破给了当时的研究者们一个希望——继续发展和推广她的这套方法可能会是解决更高维度的球堆积问题的可行方案。微软研究院的数学家、同时也是维亚佐夫斯卡解决 24 维球堆积问题的合作者之一亨利・科恩（Henry Cohn）就曾做出这样的评价："人们对球堆积问题的认识并没有因此终结，恰恰相反，它才刚刚开始。"

尽管想要实现 8 维空间的可视化是绝不可能的，但是数学家们并不会因 8 维、24 维甚至更多维的研究而感到不适，这是因为高维空间的某些性质总能通过恰当的类比在低维空间中找到合适的对应。3 维空间中的点可以用 3 个独立的坐标——长度、宽度和高度（或 x，y，z）来描述；类似地，8 维空间中的点要用 8 个独立的坐标来描述。在 3 维空间中，一个（3 维）球是由 3 维空间中到某个中心点的距离都相等的所有点构成的集合；同样地，一个 8 维球就是由 8 维空间中所有到某个中心点等距的点构成的集合。一般地，对于任意维度的空间，球堆积问题研究的是如何排列一堆相同大小的球，使得它们之间的空隙越小越好。

尽管从逻辑上讲，数学家们对球堆积问题本应当是依照维度的顺序逐个击破的——既然我们已经解决了 1、2、3 维的情形，那么研究者们就该基于之前的工作，继续攻克 4 维和 5 维的问题。但维亚佐夫斯卡直接跨过了 4 维到 7 维，解决了 8 维的球堆积问题，甚至下一步直接解决了 24 维的情形，这也绝非是偶然的。已然在球堆积问题领域耕耘了许多年的科恩如是说："我之所以如此热爱球堆积问题，其中的一个重要原因就是它在每个维度上都能展现出自身的独特性质，其中的一些维度的性质要比其他的维度好得多。"

对于二维球——也就是平面中的圆而言，实现它的最密堆积是很简单的，因为大小相同的圆能紧密地贴合在一起。每个圆都能恰好被六个等大的圆包围起来，它们两两相切，没有任何挪动的空间。但是三维空间中没有类似于二维的这种局部完全贴合的堆积形式，事实上一直到 8 维才又出现了这种紧密堆积的结构，称作 E8 格[㊀]堆积，每个球所在的位置对应 E8 格的一

㊀ 由例外李型单群 E8 的根系在八维实空间中以整系数生成的格。

个格点。到了 24 维，再一次出现了具有类似性质的紧密堆积结构——Leech 格[㊀]结构。正是由于这样的特殊结构，8 维和 24 维的球堆积问题才会被数学家们率先攻陷下来。

早在 2003 年，科恩就同哈佛大学的数学家诺姆 · 埃尔奇斯（Noam Elkies）在一篇合作论文中描述了一个关于在许多不同的维度下估计最密堆积密度的界的新技术方法。这种方法并非直接从堆积的角度考虑问题，而是采用了辅助函数的方法——相当于是一类满足特殊性质的公式。他们认为，只要能够找到合适的辅助函数，这种方法就能够为 8 维和 24 维的球堆积问题提供一个完整的解答，但在研究者们数年间的苦苦搜寻下，这样的函数仍然踪迹难寻。维亚佐夫斯卡也表示，就在她几乎要放弃希望之时，一个看似与科恩和埃尔奇斯的工作毫无瓜葛但实际上完美契合的函数终于出现了。她也感叹道："就在（发现这个函数的）那一刻，我意识到这个领域的一切都开始变革了，原来我们真的可以解决这个问题。"

刚得知维亚佐夫斯卡的新结果时，黑尔斯说道："很多人花了很长的时间试图沿着科恩和埃尔奇斯的工作去找寻这样的函数，但是他们当中没有一个人明确地知道如何去找这种函数。"事实上，除了解决了三维的球堆积问题之外，黑尔斯确实在其他

㊀ 由英国数学家约翰 · 李奇（John Leech）于 1965 年发现的 24 维格。

维度情形的工作中投入了许多精力，尤其是在找寻这种辅助函数上投入了大量时间。“当知晓玛琳娜·维亚佐夫斯卡发布了她的新发现时，我们所有人都大为震撼。”

科恩也表示，类似球堆积这种独特的问题一旦得到了解决，往往会引起人们的两种反应：一种是尴尬，因为只要带着答案回想起之前的问题就会觉得，原来一切是如此简单；另一种就是敬畏，因为这项工作确实很新颖。维亚佐夫斯卡的解答就属于后一种。“她给出的定义乍一看就像临时琢磨出来的，有时会让你不禁去质疑她到底为什么这样做。但你很快就会被她在证明中采取的精巧变换所折服。”科恩说道，“能够看到这样的结果并由衷地感到敬佩而不是后悔，这是一件多么好的事情。”

高维的球堆积问题看上去就像是只有数学家们才会喜爱去研究的问题，但事实上这样的问题绝不是脱离实际的。高维球的堆积模式构成了纠错码㊀的一组基底，纠错码在蜂窝网络、光纤电缆等一些可能存在信息丢失或信息变化的信道上的传输过程中发挥了非常关键的作用。在这些实际应用中，数据块就会被视作是高维空间中的点。

尽管维亚佐夫斯卡的方法不太可能用于解决其他维度的球堆积问题——至少在数学家们取得另一个巨大的突破之前是不太

㊀ 在传输过程中发生错误后能在接收端自行发现或纠正的编码。

可能的，但是这些方法仍会给研究者们在改进他们对高维空间的球堆积问题的估计等工作上提供强大的帮助。也许比起球堆积问题的完全解决，这样的一些进步看起来并不引人注目，但对于数据传输风险颇高的高维空间而言，它们就是意义非凡的重大进步。

第2章

数学与生命

计算生命起源

能够自我复制的分子如何统治了早期地球？
利用进化动力学的计算方法，马丁·A. 诺瓦克能够解释生命如何从无到有。

希瑟·瓦克斯（Heather Wax）
刘 旸 译

2008 年 3 月，媒体铺天盖地地报道了马丁·A. 诺瓦克（Martin A. Nowak）对惩罚价值的研究。这位哈佛大学的数学家和生物学家让大约 100 名学生参与了一项计算机游戏，在游戏中，他们使用硬币对彼此进行奖惩。人们通常认为，有代价的惩罚会促进双方合作，但是诺瓦克和他的同事们证明这一理论完全站不住脚。相反，他们发现惩罚经常导致一系列报复行为，使得惩罚非但毫无益处可言，反而是有害和消极的。惩罚别人的人不仅不会获利，还会使矛盾升级，使自己运气变差，最终导致失败。新闻标题喜出望外地宣称“和善的人率先完工”。

诺瓦克的计算机模拟和数学方法迫使人们重新审视某个复

杂现象，这已经不是第一次了。20 世纪 90 年代初，他提出的疾病扩散模型就证明，只有当病毒的复制速度快到一定程度，以至于病毒株的多样性达到某一临界水平，足以令免疫系统措手不及时，艾滋病病毒携带者才会发展为艾滋病病人。免疫学家后来证实这一机制完全正确。2002 年，诺瓦克设计出一个方程，能够预言癌症产生及扩散的过程，比如癌症转移过程中何时产生突变、染色体何时失去稳定性等。这一次，诺瓦克打算模拟生命的起源，用他自己的话来说，是要捕捉“生命从无到有的过程”。

诺瓦克学生时代念的是生物化学专业，他相信数学是“真正的科学语言”，是开启远古秘密的钥匙。在奥地利维也纳大学读研究生时，他便跟随进化博弈论先驱、奥地利科学家卡尔·西格蒙德（Karl Sigmund）探究进化中的数学原理。这个被诺瓦克命名为“进化动力学”（evolutionary dynamics）的领域所研究的内容，便是建立方程来描述进化过程的各个构成因素，例如选择、突变、随机遗传漂变及种群数量结构等。特征不同的个体以不同速度繁殖后代会带来什么结果？一个突变如何传播至整个种群？诸如此类的问题都可以利用方程进行模拟研究。

哈佛大学进化动力学项目组办公室的黑板上写满了算式。诺瓦克正忙于将生命起源简化成最简单的化学体系，这样他就可以用数学语言来描述它们。他用 0 和 1 来表示最早期生命的化学组件（最有可能是由腺嘌呤、鸟嘌呤、胞嘧啶、胸腺嘧啶或尿嘧啶组成的化合物)。诺瓦克把这些组件称为“单体”，在他的体系中，单体随机自发组合，构成一系列二进制信息串。

现在，诺瓦克正在研究该体系的化学动力学，也就是说，要描述不同序列的信息串会如何生长。他说，对于任何可以实现单体自组装的实验室化学体系，这一理想化流程的基本原理都能适用，“就像牛顿方程能够描述行星如何围绕太阳运转，而这与行星的化学组成完全无关。”诺瓦克还说：“数学帮助我们看清什么才是最关键、最有趣的实验。它描述了一个可以被建立起来的化学体系，一旦该体系被建立起来，你便可以观察进化的起源了。”

真的这么简单吗？如今，该体系还只存在于论文和计算机中。尽管人们很容易构建数学模型，但是让这一体系在实验室中运转起来却并非易事，因为最初既没有酶，也没有任何模板，能够帮助单体实现组装。“实在想象不出有什么简单的方法可以制造核酸，”美国加利福尼亚大学圣克鲁斯分校的生物分子工程学家戴维·W. 迪默（David W. Deamer）说，“初始原料肯定是必需的，但我们已经深深陷入了一个完全未知的领域，我们不知道如何在实验室中重现这一过程，也不知道在没有酶的情况下，单靠化学和物理过程如何制造出核酸。”

20 世纪 80 年代，美国圣迭戈市索尔克生物学研究所的生物化学家莱斯利·E. 奥格尔（Leslie E. Orgel）带领他的研究小组证明，一条 RNA 链可以被作为模板合成另一条互补 RNA 链——这一现象被称为“非酶模板指导的寡核苷酸合成”。然而事实证明，要弄清核苷酸在没有模板的情况下如何实现自组装就困难得多。诺瓦克说：“我希望得到一个可以形成多聚体的过程。”

美国哈佛大学细胞起源研究人员程爱伦（Irene Chen）说，在 RNA 或 DNA 单体的一端连上一种叫作咪唑（Imidazole）的物质，单体或许就能在没有酶的情况下形成多聚体。这种物质可以增强单体的化学活性，让它们的聚合作用更容易发生，速度也变得更快。脂质和黏土可能也必不可少，其他科学家已经证明，它们有助于加速化学反应。美国伦斯勒理工学院（Rensselaer Polytechnic Institute）的化学家詹姆斯·P. 费里斯（James P. Ferris）曾经诱导腺嘌呤在一种矿物质黏土表面组装成 40~50 个核苷酸长短的 RNA 短链，这种矿物质黏土在生命出现之前可能普遍存在。

诺瓦克利用他的数学模型研究了可以生成类似短链的化学反应，并为各个反应定义了化学反应常数。也就是说，他设想携带不同二进制信息的链会以不同的速度生长，有些链会以比其他链更快的速度吸收单体。然后，诺瓦克计算了这些链的分布状况。他注意到，生长速度的微小差异会影响它们在群体中的含量：生长较慢的序列含量相对较少，会逐渐被生长较快的序列取代。“我觉得这真是太伟大了，”诺瓦克激动地说，“因为在一个完全自然的条件下，进化选择居然在生命复制出现之前就发生了。”

一些链会发生突变，有时一个序列会加速其他序列的反应速度，这验证了诺瓦克长期坚持的一个观点——这种合作是进化的基本原则之一。综合在一起，模拟的结果显示了一种类似于生命的化学体系，而且遵循进化动力学的规律。诺瓦克把这一体系称为“前生命”（prelife），因为“它具有许多生命属性，比如遗传多样性、选择和突变，只是不具备复制功能”。

突变和选择通常被看成是复制的结果。举例来说，如果突然之间加拉帕戈斯群岛的雀鸟只能得到又大又硬的种子，那些喙更大更强壮的个体就更可能存活下来；若干世代之后，种群中这种雀就会更加常见。对某一性状的进化选择，比如这个例子中喙的大小，是借助该性状的相关基因在后代中的传递而实现的。但诺瓦克说，他的模型显示选择可以发生在复制出现之前——这意味着复制也有可能是进化选择的结果。他指出，如果这种进化选择真的存在，它就有助于解释生命的起源。

在诺瓦克的体系中，生命起源所需的唯一条件是有几条链突然获得了自我复制的本领——一些研究人员相信，正是这一过程使某些 RNA 链在原始地球上逐渐占据了统治地位。诺瓦克指出，必须有足够多的自由单体才能使复制更容易发生，而且能够自我复制的链必须比无法自我复制的链更快地耗尽这些单体。根据他的计算，只有当复制速度超过某一特定阈值时，系统的平衡才会被打破，这时生命就诞生了。“生命摧毁了前生命，”他说，“所有这一切都发生在某一特定时期之内。”

诺瓦克希望他的模型能够指导实验。他从数学上描述了一个体系，其中仅有两种单体能够自组装，后来实现了自我复制。诺瓦克说，当人们开始对进化起源展开实验研究时，建立起这样一个化学体系“是我们所能做到的最简单的事情”。在他看来，“数学是描述进化的恰当语言”。他说：“我不知道生物学的‘最终诠释’会是什么，不过有一点可以肯定——一切都是为了弄清楚生命的方程。”

贝壳上的数学规则

科学家建立的数学模型揭示了在机械力的引导下，
软体动物的螺旋体、棘、肋如何发育而来。

德里克 · E. 莫尔顿（Derek E. Moulton）
艾伦 · 戈里耶利（Alain Goriely）　雷吉斯 · 希拉（Régis Chirat）
沈　华　译　　吴　岷　审校

软体动物真是巧妙的建筑师，坚固耐用而又不失美观的贝壳正是它们为自己建造的房子，能保护自己柔软的肉体免受风吹雨打或遭到捕食。不少贝壳有着引人注目的复杂形状，如被分形的棘或其他东西装饰着的对数螺旋体，它们都几近完美地遵守着数学规则。当然，软体动物并不懂什么数学，让研究者感到惊奇的是，这些低等的生命体却能如此精确地构建出无比错综复杂的结构，它们到底是怎么做到的？

在过去的 100 多年里，科学家已经意识到，细胞、组织和器官与世界上的其他事物一样，都遵循着同一套物理法则。不过，20 世纪的大多数生物学家都将研究重点放在了基因上，想理解基因编码如何指导生物模式的产生，以及弄明白这些生物模式有什么功能。近几十年来，研究人员逐渐开始用以物理学为基础的数学模型解决与生物形态相关的问题。在这个方向上，我们过去数年的工作为贝壳如何形成提供了一些有趣的见解。

微分几何学是数学中研究曲线和面的一个学科。通过这门学科，我们了解到，软体动物在构建自己的家时，只需遵循几条简单的数学规则，就能产生有着精美形状的贝壳。这些规则和贝壳生长时受到的机械力相互作用，就产生了无数种不同的贝壳形状。我们的发现有助于解释，在最大的软体动物类群——腹足纲中，众多支系是如何独立演化出棘等繁复的生物特征的。对这些不同的生物来说，不需要经历相同的基因突变也能获得相似的装饰形状，因为物理法则决定了很多事情。

构造规则

软体动物的贝壳由外套膜来建造：在贝壳开口或壳口处，外套膜这个又薄又软的器官一层层地分泌一种富含碳酸钙的物质。要形成螺类等腹足纲动物特有的螺旋形贝壳，仅需要遵循三个基本规则。规则一是扩张：通过均匀地沉积比之前更多的物质，软体动物就能不断制造出比先前略大的开口。在这个过程中，开口由最初的圆形变成锥形。规则二是旋转：通过在壳口一侧沉积较多的物质，软体动物就能在最初的壳口的基础上完全旋转一周，得到一个像甜甜圈或圆环体的贝壳。规则三是扭转：软体动物会使其壳口的沉积位点发生旋转。通过扩张和旋转能得到像珍珠鹦鹉螺那样的平面螺旋形贝壳。加上扭转，贝壳的形状就会变成数学上所描述的一种非平面螺旋体。以不同的方式组合这些规则，就能得到不同的螺旋形状。

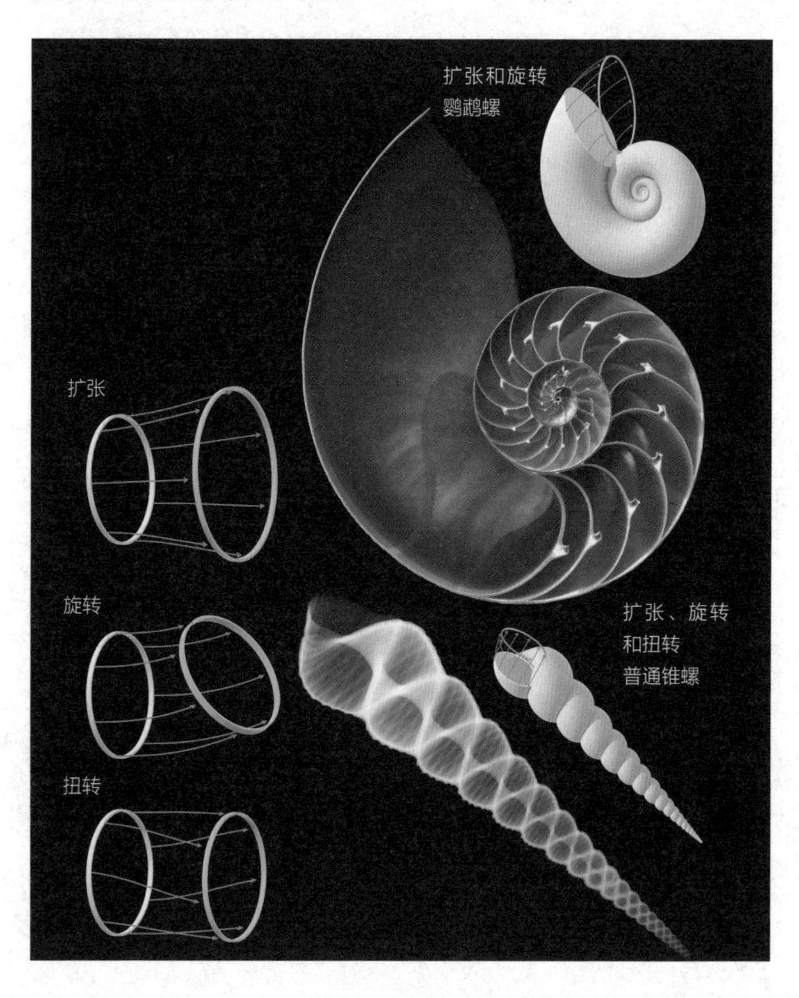

对于一些贝壳建造者来说，故事到这里就已经结束了，它们的居所已经如此整洁、美观。而对于其他建造者，这种居所还需要更多装饰。为了了解棘等装饰结构是如何形成的，我们必须考虑贝壳生长时产生的力。实际上，成壳物质的分泌过程是在一种特殊的机械系统中进行的。外套膜通过所谓的生成区与贝壳连接，而生成区由外套膜分泌的、尚未钙化的物质构成。正是外套膜和贝壳之间的相互作用，才使贝壳得以具有各种形状。壳口和外套膜之间的任何不匹配都会对外套膜组织本身造成压迫。相较于壳口，如果外套膜太小，它就必须伸展才能贴着壳口。相反，如果外套膜太大，它将不得不压缩自己以适应壳口。因此，如果生成区受到这样的压力而发生了形变，那么外套膜此时分泌的新的成壳物质将按照这种变形永久性地固化在贝壳上，并进一步影响外套膜的下一个生长阶段。从根本上来说，只要贝壳的生长速率与软体动物本身的生长速率不完全一致，变形就会发生，形成那些我们称之为装饰或壳饰的特征。

棘是贝壳上最显著的一类装饰，一般相对于贝壳壳口方向垂直地向外伸出，通常突出贝壳表面数厘米。伴随着外套膜的爆发生长，这些突起物也就周期性地形成。在一次爆发生长中，外套膜生长得太快以至于超过了壳口，无法再与壳口对齐。这时，外套膜就会略微弯曲，它分泌的成壳物质也会跟着弯曲。在下一次爆发生长中，外套膜进一步生长并再次超过壳口，进而将弯曲放大。我们推断，正是反复的生长过程与机械力相互作用，最终形成了贝壳上的一系列棘，并且这些棘的具体样式主要由外套膜的爆发生长速率和外套膜的刚度决定。

为了检验这一想法，我们开发了一个数学模型来描述外套膜的生长，其中外套膜的生长基础在每次的生长过程中都会增加。当我们用典型的生长模式和材料特性进行实验时，模型得到了各式各样的棘，与人们在真实的贝壳上观察到的形状非常相似，因此验证了我们的假设。

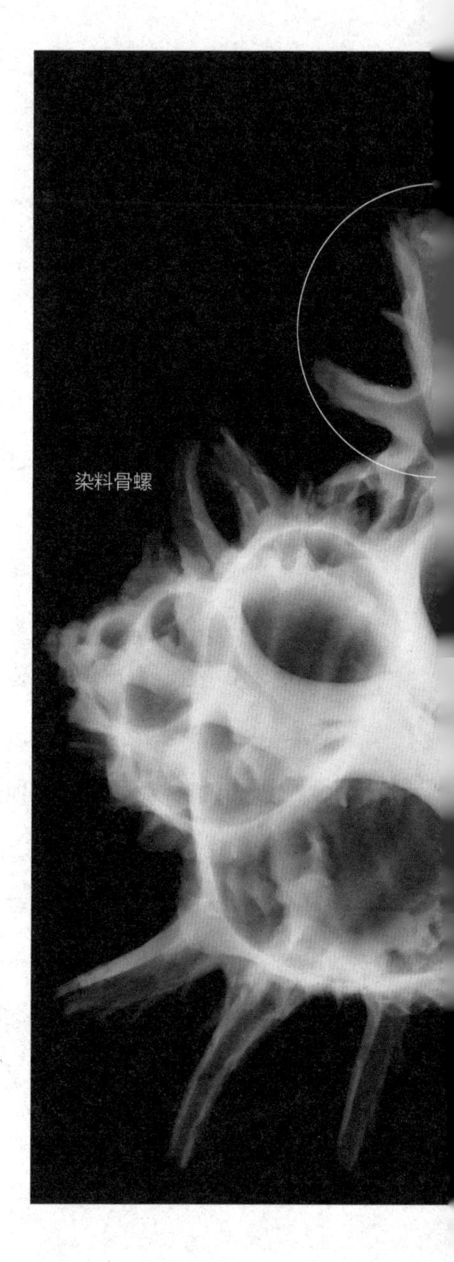
染料骨螺

棘

被称为外套膜的器官负责分泌成壳物质。在周期性的爆发生长期间，外套膜扩张很快，以至于无法再与壳口对齐，这时候就形成了棘。壳口与外套膜的不匹配使得外套膜轻外套膜通过生成区与贝壳连接，而生成区由外套膜分泌的、尚未钙化的物质构成。外套膜的形变会导致生成区的形变，而后者的形状决定了下一层贝壳的形状。每次新一轮的生长都会放大这种形变。

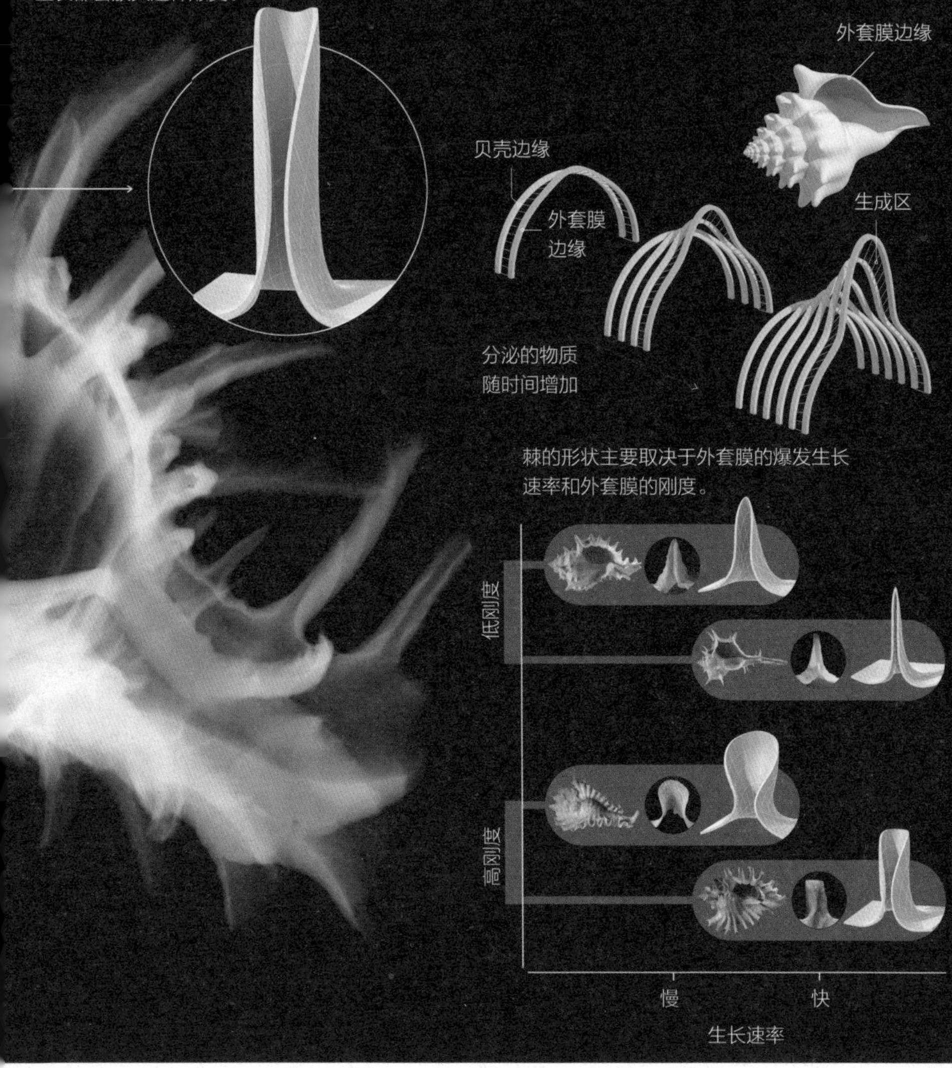

棘的形状主要取决于外套膜的爆发生长速率和外套膜的刚度。

微地弯曲，后者分泌的成壳物质也跟着变得弯曲。在新一轮的爆发生长中，外套膜与壳口的机械作用会进一步放大这种弯曲。

古老的居所

棘可不是软体动物有可能往它们贝壳上添加的唯一一种壳饰。已灭绝的菊石是今天头足类动物（鹦鹉螺、章鱼等）的近亲，人们在它的贝壳化石上发现了另一种壳饰。菊石曾统治海洋长达 3.35 亿年，在约 6500 万年前灭绝。大量的化石、丰富的形态以及快速的演化，让菊石成了古无脊椎动物中被研究得最多的类群之一。

除了拥有平面对数螺旋形的贝壳，菊石最显著的特点就是具有与贝壳边缘平行、有规则的肋。这种壳饰的产生机制可能与棘一样，源于生长过程与机械力的相互作用，只不过两者的形状完全不同。虽然作用力一样，但力的大小和几何环境不一样。

菊石的壳口基本呈圆形。当外套膜的半径比此时壳口的半径大时，外套膜将会受到压迫，但这种程度的压迫又不足以产生棘。在这种情况下，受到压迫的外套膜向外延伸，使得后面长出来的贝壳半径增加。但与此同时，外套膜的向外运动又会受到正在钙化的生成区的抵抗，后者就像是一个扭力弹簧，保持贝壳的生长方向。

我们猜测，这两种力的拮抗作用形成一个振荡系统：贝壳的半径增加，降低了外套膜受压迫的程度，但当贝壳半径超过外套膜时，就对后者产生了张力；“被拉伸”的外套膜开始向内生长以减少张力，并因为超过贝壳半径而再次受到压迫。对这种“形态机械振子”的数学描述证实了我们的假说：在软体动物的生长期间，波长和振幅的增加产生了有规律的肋。另外，这些数学模型预测的结果与已知的菊石形状非常吻合。

同时数学模型也预测了，软体动物的壳口半径增加得越快，贝壳上的肋也就越不明显。这可以解释为什么贝壳越弯曲，它的肋就越明显。壳口扩张速率和肋的形成之间的关系，也从机械力学和几何学角度解决了软体动物演化研究当中的一个长期未解之谜：至少从 2 亿年前开始，珍珠鹦鹉螺及其他鹦鹉螺科动物就有着非常光滑的贝壳。一些观察者认为，这个类群显然从那时开始就没怎么演化了。事实上，现今存活的几种鹦鹉螺科动物经常被看作“活化石”。但是，生物物理学生长模型显示，鹦鹉螺科动物身上的光滑贝壳纯粹是壳口快速扩张的结果。鹦鹉螺科动物身上实际发生的演化可能远比它们的贝壳形状所表现出来的多。而古生物学家常常用独特的壳饰来区分物种，由于缺少这类壳饰，鹦鹉螺科动物的演化还不太为人所知。

肋

菊石是一类已经灭绝的软体动物，其贝壳上有着平行于贝壳边缘的有规则的肋。数学模型表明，这种壳饰是外套膜和生成区相互作用的产物，它们产生的压力和张力形成了一个振荡系统。如果软体动物的壳生长得较慢，壳上的肋就会更加密集（左）；而如果壳生长得很快，贝壳就会更加平滑（右）。

直到现在，对于软体动物如何构建出令人赞叹的居所这一问题，我们还有很多需要研究的地方。随便浏览人们收藏的美丽贝壳就能找出一些科学家无法解释的形状。比如，约 90% 的腹足纲动物都是“右旋”的，即以顺时针旋转的方向构建它们的贝壳，只有大约 10% 是“左旋”的。科学家才刚刚开始研究这一右手螺旋盛行现象背后的机制。另外，还有一些精致壳饰的由来仍然无法得到解释，比如骨螺科的很多物种身上的分形样棘。作为自然界中被研究的典型生物，海洋软体动物身上的贝壳还有很多秘密，这正是我们今后工作的研究方向。对支配其生长的物理力量的理解更是增加了贝壳研究的魅力。

免疫系统的记忆缺陷

利用尖端的数学分析工具，研究人员发现，
人体的免疫系统往往无法及时察觉流感病毒的细微突变。

亚当·J. 库查斯基（Adam J. Kucharski）
赵 瑾 译

传染病对儿童的威胁是最大的。这不仅是因为儿童整天在学校接触各种各样的病毒和细菌，更因为他们还不具备父母那样完善的免疫防御系统。因此，长大成人的好处之一就是，我们对大多数传染病（从水痘到麻疹）都已产生了抵抗力。

然而，流行感冒却得另当别论。对 2009 年流行感冒的研究显示，儿童对季节性流感病毒的免疫力最强，免疫力会随年龄的增加而减弱，在中年人群中最弱，而在老年人群中又增强。相较于儿童，虽然成年人接触流感病毒的机会更多，但他们（除了最老的年龄组）对流感的免疫力却相对较弱。

这一不寻常的现象自然引起了生物学家的兴趣，想要找出产生这种现象的原因。要了解流感的感染模式并不简单，但我们在模拟免疫系统的数学模型中找到了一些线索。这些数学模型有助于我们了解以前接触流感病毒的经历会如何影响个体对新流感病毒的免疫反应；免疫系统的防卫水平又会如何随我们年龄的变化而变化。将这些数学工具与现有的观测数据相结合，我们开始了解个体对流感病毒免疫力的形成过程。该研究也为一个看似奇特的假说提供了新的证据——这个被称为“抗原原罪”（original antigenic sin）的假说在50多年前首次被提出，它主要是想解释，为什么人们长大后对在童年时期接触过的流感病毒的免疫反应会有所不同。这些研究不仅能够帮助我们了解为什么某些群体过去在面对流感暴发时会显得出人意料地脆弱，还能帮助我们预测不同人群对未来的流感暴发将作何种反应。

流感的数学模型

到目前为止，大多数免疫数学模型都没有涉及人体对流感病毒的免疫反应，因为要想对这种病毒的感染模式进行建模十分困难。以前，数学建模所针对的病毒主要是像麻疹这类基因随时间变化很小、人体能产生终身免疫的病毒。人体一旦从麻疹感染中康复或接种麻疹疫苗，免疫系统就能迅速识别该病毒表面的蛋白，产生针对这些蛋白的抗体分子，以后再次发生感染时，人体就能迅速消灭麻疹病毒（科学家将病毒表面的这些分子称为“抗原”）。

假如人们每年感染麻疹病毒的概率是一定的，那么人体对麻疹病毒的免疫力（人们血液中抗体的效力）就应该随着年龄的增长而提高，多个实验室对于各个年龄群体的研究也证实了这一点。数学建模是另一个可用来验证这类解释合理性的方法：如果一个理论是正确的，那么据此建立的数学模型就应该可以预测病毒未来的感染模式。数学模型之所以如此重要，是因为它可以代替那些不合伦理而且难以重复的实验。例如，我们不可能为了研究病毒感染对群体免疫力的影响，而故意用这些病毒去感染人，这时就可以用数学模型进行研究。

在最简单的传染病数学模型中，一个群体通常会分为 3 个部分：易感人群、受感染人群以及康复人群（即免疫人群）。20 世纪 80 年代，流行病学家罗伊 · M. 安德森（Roy M. Anderson）、动物学家罗伯特 · M. 梅（Robert M. May）及其同事就利用这样的模型来检验病毒（如麻疹病毒）免疫力在各年龄群体中的强弱状况。虽然这种三室模型（three-compartment model）可以重现流行病传染的一般模式，但他们发现，在年轻群体（儿童）中，免疫力的提升速度其实比数学模型所推算的要快。或许，这种差异是因为儿童与其他人接触得更多，感染流行病毒的概率比年龄较大的人群高？于是，研究人员将这个变量也引入数学模型中，以检验这一推测的合理性。当他们在建模过程中给儿童设定较高的感染风险时，数学模型的确能重现实际免疫力随年龄变化的情况。

遗憾的是，人体对流行感冒的免疫力远非如此简单。流感病毒具有极高的变异性，这也就意味着流感病毒表面的抗原每年都会发生改变。因此，人体要辨别新的流感病毒并不容易。与不怎么变异的麻疹病毒不同，流感病毒的表面抗原会随时间变化，这就是为什么流感病毒的疫苗每隔一段时间就必须更新一次。

当我在 2009 年的观测数据中第一次发现流感免疫力在各年龄群体中不同寻常的变化模式时，我就在想，这是不是与流感病毒变异较快、儿童之间相互接触得比较多有关。由于人们从小时候就开始接触各种病原体，对于那些在童年时期流行的各种病原体，他们很可能已经产生了良好的长期免疫力。与麻疹感染相似，儿童在感染流感病毒后，的确能产生针对特定流感病毒的抗体。

然而，高中或大学毕业后，人们平均每天接触的人数就会显著减少，因此感染流感的概率也就相应下降。这就意味着，成人会更加依赖他们在童年时期产生的抗体来抵御新的感染。但由于流感病毒会随时间发生变化，成人体内“旧”的抗体就会渐渐对新的流感病毒失去抵抗力。因此，那些没有接种常规流感疫苗的成年人对流感的抵抗力就会下降。而老年群体对流感抵抗力的回升，则可能是因为他们经常接种流感疫苗，体内的抗体能够识别新的流感病毒。

对于免疫力的变化，我们至少可以用上述理论来解释，但现在的问题是，我们应该如何对这一理论的合理性进行验证。与麻疹病毒相比，由于流感病毒的变异更快更多，因此建立相应数学模型的难度就要大得多。即使个体对于某种流感病毒具有抵抗力，他（她）很可能对另一种流感病毒只具有部分抵抗力，而对第三种流感病毒则可能完全没有免疫力。因此，为了研究人体对流感病毒的免疫力，我们就必须准确记录人体感染的流感病毒种类，以及感染这些病毒的时间顺序。

由于已知流感病毒的种类繁杂，建立数学模型就变得更加棘手。举例来说，如果过去存在 20 种流感病毒，那么对任何一个人来说，他的流感感染史就有 2^{20} 种可能（超过 100 万种）。如果存在 30 种流感病毒，那么个体感染流感病毒的可能情况就会超过 10 亿种。

于是，我与我的博士生导师、英国牛津大学的朱丽娅·高格（Julia Gog）一起，开始寻找解决这个难题的方法。我们发现，如果一个人每年感染流感的概率是一定的，那么他（她）感染任何两种病毒的可能性是相互独立的——换句话来说，个体感染病毒 A 的概率并不会影响其感染病毒 B 的概率。这样一来，我们就可以将个体感染每种病毒的概率相乘，重新计算随机个体感染某一病毒组合的可能性。这就意味着，对于 20 种不同的流感病毒，我们仅需处理 20 种感染的可能，而非上百万种可能。

然而，当我们使用这个数学模型来进行计算时，结果却出乎我们的意料。这个模型的计算结果显示，个体感染过一种流感病毒会使其感染另一种流感病毒的可能性增加。这就好比在说，被闪电击中会让你更容易感染流感，这显然是一个荒谬的结论。

这个数学模型之所以会给出这个看似毫无意义的结果，原因其实很简单：我们没有考虑个体的年龄。由于个体感染流感病毒的概率是一定的，所以个体活得越久，感染至少一种病毒的可能性就会越大。因此，如果随机选择一个个体，例如，一位曾经感染过流感（或者遭到雷击）的女性，你马上就会知道她的年龄可能较大。又因为她比较年长，你会推测她还可能经历过其他不幸事件，例如感染第二种流感病毒。

然而，只要我们分别对各个年龄组进行处理，个体感染流感病毒的次数就会变成一个独立变量。这样一来，对于 20 种流感病毒，我们就不再需要考虑上百万种可能。利用这个可行的模型，我们开始模拟人体对流感病毒免疫力随时间变化的情况。我们的目标是将数学模型的计算数据与实际流感的传染模式相比较。此外，我们的数学模型基于两个基本假设：一个是病毒会随时间发生变异；另一个是各年龄组的感染概率取决于他们的社交活跃度。

然而，即便对数学模型做出了这些调整，并假设中年组免疫力的下降是因较少的社交活动所造成的，我们还是无法重现流感感染的实际情况。当然，这个数学模型也并非一无是处：它显示儿童对流感的抵抗力高于成人。虽然在实际情况中，流感抗体水平在 5~10 岁的儿童中就开始随年龄的增长而下降，但在我们的数学模型的计算结果中，这一抗体水平的下降时期却推迟到了 15~20 岁，也就是个体离开学校（聚集众多个体和细菌的场所）的时候。

持久的“第一印象”

在多数情况下，当人体接触到一种病毒时，免疫系统都会对其产生终身免疫力。因此，在一般情况下，成人的抵抗力比儿童强，更不容易生病。然而，人体对于流感的免疫力却有所不同。在儿童阶段，人体对流感的免疫力随年龄的增长而增强，但成年后，人体对流感的免疫力却会随年龄的增长而下降。对此，一个可能的解释是：免疫系统对流感病毒产生了“盲点”，误将后来感染的、具有高度变异性的流感病毒当作之前感染的流感病毒。由于身体将其最强的免疫反应留给之前感染的病原体，它可能无法有效地对抗后来感染的病毒。

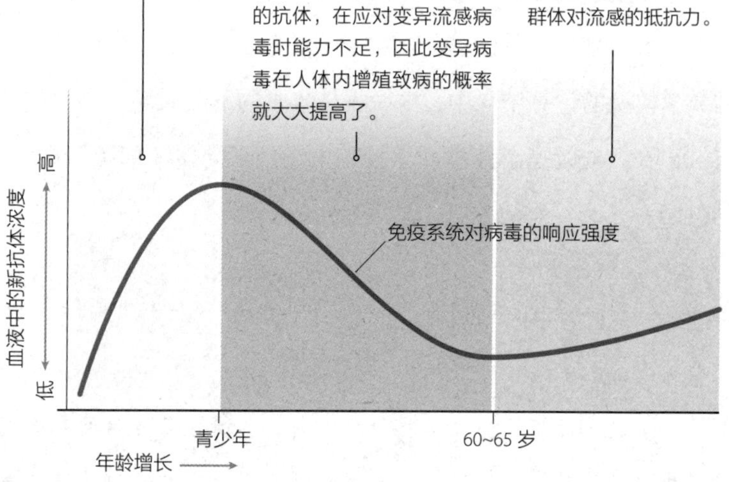
儿童会在成长过程中接触多种病原体。他们的身体会因此产生很多不同的抗体分子来预防再次感染。
到某一时期，人体的免疫系统就不再产生那么多新抗体。通常，这种机制并不会对个体造成什么影响，除非我们面对的病毒具有流感病毒那样的变异性，能够躲避免疫系统的识别机制。人体最初感染流感病毒时所产生的抗体，在应对变异流感病毒时能力不足，因此变异病毒在人体内增殖致病的概率就大大提高了。
当流感病毒发生的突变十分显著时，人体的免疫系统就会将其看作是一种新病毒，产生新的抗体来对付它们。在老年群体中进行的流感疫苗接种，或许也有助于提高该群体对流感的抵抗力。
高
血液中的新抗体浓度
低
免疫系统对病毒的响应强度
青少年
60~65 岁
年龄增长

“抗原原罪”假说

尽管还不太清楚人体对流感病毒抵抗力随年龄的变化模式背后的原因，我还是和许多研究人员就这个免疫力数学模型进行了讨论。其中一位就是美国普林斯顿大学的免疫学家安德里亚·格拉厄姆（Andrea Graham），他向我介绍了一个叫作“抗原原罪”的概念。当时，我们的模型已经能够应付大量的流感病毒类型，于是我在想，如果将上述假说考虑在内，或许有助于我们的数学模型计算出更符合实际情况的结果。由于这一假说的争议性，我也在想如果将它与我们的数学模型相结合，或许也能从某个方面印证该假说的合理性。

“抗原原罪”指的是人体免疫系统与病原体的首次相遇。人体首次击败流感病毒后，免疫系统的“记忆”会非常深刻，此后，只要人体接触到流感病毒，免疫系统就会产生首次反击中出现的原始抗体。即使人体此时所接触到的病原体抗原与之前遇到的有所不同，需要不同的抗体才能有效抵抗感染，人体仍会优先制造与之前相同的抗体。此时，人体并没有产生足够的抗体来抵抗这些具有变异抗原的病原体，而仅仅依赖“过时”的免疫反应发动反击。

病毒学家小托马斯·弗朗西斯（Thomas Francis Jr.）在 1947 年首次遇到这一问题。虽然美国密歇根大学在学生中开展了大规模的流感疫苗接种项目，但还是有很多学生因为感染了新的与疫苗防疫的病毒有亲缘关系的流感病毒而生病。弗朗西斯经过比较发现，密歇根大学的学生所产生的抗体能够有效地抵抗疫苗所针对的病毒，但对他们一年后感染的新病毒没有作用。

最后，弗朗西斯提出了一个假说来解释该现象。他认为，免疫系统可能并不会对每一种新的病毒都产生相应的抗体，而是会对相似的病毒产生相同的免疫反应。换句话说，人体过去接触到的病毒类型，以及接触这些病毒的先后顺序，决定了个体能否抵抗后来感染的变异流感病毒。弗朗西斯之所以将这种现象称为“抗原原罪”，流行病学家戴维·莫伦斯（David Morens）及其同事后来认为，这或许是由于“弗朗西斯对科学之美有宗教性的崇拜”或者“这是他在小酌马提尼之后获得的灵感”。

二十世纪六七十年代，研究人员在人类和其他动物中发现了更多与“抗原原罪”相关的证据。然而，自此之后的其他研究却对该假说提出了质疑。2008 年，美国埃默里大学的研究人员检测了接种流感疫苗的志愿者体内的抗体水平，结果发现，对那些与疫苗针对的病毒略有不同的流感病毒，他们的免疫系统也能够有效地发起攻击。于是，研究人员认为，“抗原原罪”在接种流感疫苗的普通健康成人中并不常见。然而，埃默里大学另一个由免疫学家乔希·雅各布（Joshy Jacob）领导的研究小组却在 2009 年发现，用活流感病毒（而非疫苗中的灭活病毒）对小鼠进行全面感染之后，小鼠对其他流感病毒的免疫反应将减弱。这再次暗示“抗原原罪”可能在流感病毒的自然感染中起着重要作用。

雅各布和他的研究小组为“抗原原罪”提出了一个生物学解释。他们推测，这一现象可能源于人体内生成记忆性 B 细胞的生理过程。这些细胞是免疫反应的重要组成部分：人体在感染病毒时，这些细胞将识别特定的外来威胁，并产生相应的抗体来抵抗。一部分 B 细胞在消灭病原体之后，仍会保留在体内，以便遇到类似的病原体再次入侵时，能迅速产生相应的抗体。根据雅各布及其同事的看法，感染活的流感病毒可以诱发体内现存的记忆性 B 细胞对入侵病毒做出反应，而不是再次生成新的记忆性 B 细胞。假设你去年感染了流感病毒，而今年又感染了一种与之稍有差别的流感病毒。由于你体内的记忆性 B 细胞已经在去年接触过类似的病毒，它们会在身体产生针对今年的流感病毒的特异性抗体前，就将其清除掉。这就好像那句军事格言所说的：将军总是使用上次打胜仗的战略。人体的免疫系统好像更倾向于加固之前已经建立起来的防线，而非建立新的防线，尤其是当原有防御机制有效且反应更迅速时。

在我博士研究生的最后阶段，为了模拟“抗原原罪”，我们对新的数学模型又做了进一步修改。利用修改后的数学模型，我们再次计算了免疫力开始下降时的年龄，这次的计算结果与实际情况相符：在儿童 7 岁左右时，他们对流感病毒的抵抗力就会下降（而不是之前的数学模型计算出的 15~20 岁）；而此时，该年龄群体的孩子至少患过一次流行感冒。我们的模型显示，从这个年龄开始，过去感染的流感病毒阻碍了有效抗体的产生。（因为我们研究中的年轻个体通常没有接种过流感疫苗，所以这一现象很可能是由自然感染流感病毒所造成的。）目前，我们还不完全清楚在最年长的群体中免疫力增强的原因。在一定程度上，这可能是因为这个年龄组的人的疫苗接种率较高，或是因为他们最早感染的流感病毒与新的病毒差别太大，免疫系统已无法再将新病毒误认为是很早以前所感染的流感病毒了。无论如何，我们的研究显示，“抗原原罪”是造成免疫力随年龄变化的原因，而与个体的社交活动状况（以及感染概率）无关。

“免疫盲点”

我们相信“抗原原罪”能够影响整个群体的免疫力状况，于是我们开始进一步研究这些被误导的免疫反应是否会影响流感暴发的规模。我们在数学模拟中发现，即使新的病毒与前一年的病毒很相似，这个模型还是会不时地显示大规模的流感暴发。“抗原原罪”似乎会让特定年龄组的个体免疫系统产生“空白区域”：即使个体接触过流感病毒，并产生了抵抗力，他们的免疫系统也会在机体感染新病毒时制造“错误”的抗体。

对于这一观点，1951 年在英国利物浦暴发的流感是很有利的证据。此次流感比 1918 年暴发的西班牙流感更致命，且蔓延得更快。与 1951 年的流感相比，1957 年和 1968 年暴发的两次大流感更是相形见绌。然而，我们并不清楚为什么那次大流感暴发会如此严重。

最符合逻辑的一种解释是，1951 年的流感病毒与 1950 年流行的病毒差别很大，因此当病毒来袭时，大多数人都没有产生有效的免疫反应来抵抗它。然而，并没有证据显示 1951 年的流感病毒与前一年流行的病毒具有显著差别，而且流感暴发的规模也由于地点不同而不同。在一些地方，如英格兰（特别是利物浦）

和威尔士，流感情况十分严重；而在其他地方，如美国，流感的致命率则与前一年相差无几。英国最近所经历的两次较严重的大流感发生在 1990 年和 2000 年，这两次流感中的病毒也没有特别大的差别。

然而，我们的数学模型却能够重现类似 1951 年、1990 年和 2000 年流感暴发的情形。如果“抗原原罪”假说合理的话，那么特定年龄组个体接触不同流感病毒的顺序就会影响该群体抵抗未来流感病毒的能力。换句话说，在每个地区，人们对流感病毒的抵抗力都具有特异性，与相邻地区会稍有差别，因此每个地区都具有特定的“免疫盲点”。利物浦的流感暴发如此严重，可能正是这样的“免疫盲点”所造成的。而在其他地区，由于人们经历的“抗原原罪”不同，“免疫盲点”也不同。

修正“抗原原罪”假说

对于流感免疫力的研究通常着眼于一些具体问题，即特定疫苗的有效性，或者某一年份流感的流行规模等。但是，这些问题其实只涉及了一个重大问题的一部分：由于流感病毒和其他病毒经常发生变异，我们应该怎样增强并保持人体对这些病原体的抵抗力，并利用这些信息来设计更好的疫苗？

2009 年，由多国研究机构参与、在中国华南地区开展的名为“FluScape”的研究项目，就针对这一重大问题进行了研究。美国约翰霍普金斯大学彭博公共卫生学院的贾斯汀·莱斯勒（Justin Lessler）及其同事在2012年发表的初步分析结果显示，“抗原原罪”的概念可能需要进行一定的修正。研究人员发现，人体的免疫反应并非只由个体接触的第一种病毒决定，而是遵循一定的等级体系。他们认为，在免疫反应中，个体感染的第一种病毒能引发最强烈的反应，而之后感染的病毒所引发的免疫反应则会越来越弱。（这样的等级体系只适用于具有高度变异性的病毒，如流感病毒。）

由于“FluScape”项目所采集的血液样本集中在较短的时期内，莱斯勒及其同事无法检测抗体水平随时间变化的情况。但在2013年8月，美国西奈山伊坎医学院（Icahn School of Medicine）的研究人员分析了40个人在20年间的一系列血液样本。他们的研究结果支持“抗原资历”（antigenic seniority）的看法：每次感染新的流感病毒时，都会增加机体针对早前病毒的抗体的水平。因此，个体对较早感染的病毒具有较强的免疫反应，而对之后的病毒免疫反应较弱。

过去几年里，我与“FluScape”研究小组合作，研究来自中国的新数据，希望从中发现某些规律。这类研究的一个好处是，我们可以借此决定下一年的流感疫苗应该包含哪些病毒。有了这些新的数学模型和更完善的数据，我们逐渐开始梳理出个体和群体对流感病毒产生免疫力的过程。根据过去的研究经验，今后我们肯定还会有更多出人意料的发现。

破解大脑的密码

神经科学家正在从密码学中获取线索，以将大脑活动转化为对应的动作。

沈海伦（Helen Shen）
黄小佩　译

脑控制假体装置有可能极大地改善因受伤或疾病而行动不便的人的生活。为实现这样的脑机交互，神经科学家已经开发出了各种越来越精确的算法来解码与运动有关的神经信号。如今，研究人员正借用密码学中的方法来扩大他们的“工具箱”。二战期间，密码破译员就利用加密信息中的已知语言模式，包括特定字母和单词出现的典型频率和分布，破解了德国的恩尼格玛密码。

人类的诸如走路和伸手的许多动作都遵循可预测的模式，肢体的位置、速度等一些运动特征趋于有序展开。考虑到这种规律性，佐治亚理工学院的神经科学家伊娃·戴尔（Eva Dyer）决定尝试一种基于密码学的神经解码策略。她和她的同事于 2017 年在《自然生物医学工程》期刊中发表了他们的研究结果。

芝加哥大学的神经学家尼古拉斯·哈佐普洛斯（Nicholas Hatsopoulos）说："我以前听说过这种方法，但这是第一个关于它并发表了的研究，这很新颖。"

现有的脑机交互通常使用所谓的"监督解码器"。这些算法的运行需要收集详细的动作信息，如肢体的位置和速度，同时也要收集相应的神经活动信息。收集这些数据可能是一个费时费力的过程。然后，这些信息被用来训练解码器，以将神经活动转换成它们对应的动作。（用密码学的术语来说，这就像将一些已经解密的消息与它们的加密版本进行比较，以反向获得解密方法。）

相比之下，戴尔的团队在预测动作的过程中只使用加密信息（神经活动）和某些运动中出现的模式特点。她的团队训练了三只猕猴，它们或伸出手臂，或弯曲手腕，将光标移到一些围绕中心点排列的目标上。同时，研究人员使用植入电极阵列记录每只猴子运动皮层中大约 100 个神经元的活动，运动皮层是控制运动的关键大脑区域。

在许多这样的实验过程中，研究人员收集了每种动物运动的统计数据，如水平速度和垂直速度。戴尔说，一个好的解码器应该找到神经活动的模式，并和运动模式相映射。为了找到合适的解码算法，研究人员对神经活动进行了分析，以提炼其核心数学结构。然后他们测试了一系列的计算模型，以找到最重要的模型将神经模式与运动模式相对应。

当研究人员使用他们认为最好的模型来解码单个实验中的神经活动时，他们能够预测动物在这些实验中的实际运动。

“这是一个非常酷的结果，”加州大学洛杉矶分校的计算神经科学家乔纳森·考（Jonathan Kao，他没有参与这项研究）说，“我先前的想法是，获得每一个瞬间的精确动作信息，并知道每一刻的速度，能帮助我们构建出一个比仅仅依靠动作完成时刻的一般统计数据更好的解码器。”

因为戴尔的解码器只需要关于运动的一般统计数据，这些统计数据在动物或人之间往往是相似的，所以研究人员也能够使用一只猴子的运动模式来破译另一只猴子的神经数据——这是传统监督解码器所做不到的。

原则上说，这意味着研究人员省下了收集过于精细的运动数据的时间和精力。相反，他们可以在一次收集信息之后重复使用，单次数据可以用于训练多个动物或者人类的脑机交互系统。“这将会对科学界和医学界提供巨大的帮助。”哈佐普洛斯说。

戴尔称她的工作只是证明了使用密码学来解码神经活动这一想法的可行性，并指出在该方法能够被广泛使用之前还须做更多的工作。“与最先进的解码器相比，这还不是一种有竞争力的方法。”她说。该算法可通过从更多的神经元获取信号或提供额外的已知运动特征（如动物产生平滑运动的倾向）来加强。如果要用于脑控制假体装置，这种方法还必须适用于解码更复杂、更自然的动作——这是一项不平凡的任务。“我们仅仅触及了表面。”戴尔说。

第3章

数学与物理

广义相对论背后的故事

广义相对论是爱因斯坦提出的最著名的理论，但很多人都不知道，
在广义相对论的创立过程中，交织着爱因斯坦个人生活的冲突、紧张的政治时局，
以及另一位竞争者与爱因斯坦的科学较量，其中故事的戏剧性，
甚至可以与创立广义相对论的荣光相媲美。

沃尔特·艾萨克森（Walter Isaacson）
徐　愚　译

广义相对论源于一个倏忽而至的灵感，故事发生在 1907 年底。1905 年被称为“奇迹年”，爱因斯坦在这一年中提出了狭义相对论和光量子理论，然而两年时间过去了，他仍然还只是瑞士专利局的一名专利审查员。当时，整个物理学界还没人能跟上他的天才智慧。有一天，他坐在位于伯尔尼的办公室中，突然有了一个自己都为之“震惊”的想法。他回忆道：“如果一个人自由下落，他将不会感到自己的重量。”后来，他将此称为“我一生中最幸福的思想”。

这个自由落体者的故事已然成了一个标志，甚至有一些版本真的认为，当时曾有一位油漆工从专利局附近的公寓楼顶坠落。

与其他关于引力发现的绝妙故事（如伽利略在比萨斜塔投掷物体以及牛顿被苹果砸中脑袋）一样，这些事迹都只是经过美化、杜撰的民间传闻罢了。爱因斯坦更愿意关注宏大的科学议题，而非“琐碎的生活”，他不太可能因看到一个活生生的人从屋顶跌落而联想到引力理论，更不可能将此称为一生中最幸福的思想。

不久，爱因斯坦进一步完善了这个思想实验，他想象自由落体者处在一个密闭空间中，比如一部自由坠落的升降机。在这个密闭空间中，自由落体者会感到失重，并且他抛出的任何物体都会与他一起飘浮。他将无法通过实验来辨别自己所处的密闭空间是正在以某一加速度做自由落体运动，还是正在外太空的无重力区域飘浮。

然后，爱因斯坦想象这个人仍在同一个密闭空间里，处于几乎没有重力的外太空中。此时有一个恒力将密闭空间以某一加速度向上拉升，他将会感到自己的脚重新踩到地板上。如果此时他抛出一个物体，那么该物体也将会以加速运动落在地板上，就如同他站在地球上一样。他没有任何方法能够区分自己是受到地球引力的作用，还是受到向上加速度的作用。

爱因斯坦称之为“等效原理”（the equivalence principle）。从局域效应来看，引力和加速度是等效的。因此，二者是同一种现象的不同表现形式，即可以同时对加速度和引力做出解释的某种“宇宙场”（cosmic field）。

接下来，爱因斯坦花费了8年时间，把这个自由落体者思想实验改写成为物理学史上最优美、最惊艳的理论。在此期间，爱因斯坦的个人生活也发生了巨大的改变。他与妻子的感情破裂，独自一人居住在德国柏林。他不再是瑞士专利局的一名职员，而是成了一名教授及普鲁士科学院（Prussian Academy of Sciences）的院士。不过后来，他开始渐渐疏远普鲁士科学院的同事，因为在那里，反犹太主义的浪潮正在不断高涨。2014年，美国加州理工学院和普林斯顿大学共同决定将爱因斯坦的文稿档案上传至互联网，让人们可以免费了解爱因斯坦在这段时期中的个人生活及他对宇宙的观念的变化历程。当我们阅读档案，看到1907年年底爱因斯坦匆匆记下“一种基于相对论原理对加速度和引力的新思考”时，似乎可以感受到他当时的激动与兴奋。但当读到“几天之后他以准备工作不正确、不严密、不清晰为由，拒绝了一家电力公司的交流电机专利申请”时，爱因斯坦的暴躁与厌倦也跃然纸上。接下来的几年充满了戏剧性：一方面，爱因斯坦要争分夺秒地赶在竞争对手之前找到描述广义相对论的数学表达式；另一方面，他又要与分居的妻子争夺财产及探视两个儿子的权利。而到了1915年，爱因斯坦终于达到了事业的巅峰，提出了广义相对论完整的理论形式，这永远地改变了我们对整个宇宙的理解。

扩展狭义相对论

在提出引力与加速度的等效原理后的近 4 年时间里，爱因斯坦并未在此思想的基础上有所建树，而是转而关注量子理论研究。但是到了 1911 年，他终于冲破学术界的壁垒，成为位于布拉格的查理 – 费迪南德大学（Charles-Ferdinand University，现为查理大学）的一名教授。此后，爱因斯坦将注意力重新放到引力理论上，并成功地将自己 1905 年提出的关于时空关系的狭义相对论推广到更一般化的情况。

进一步完善等效原理后，爱因斯坦发现这会产生一些令人惊奇的结果。比如，他的密闭空间思想实验表明，引力能够使光线弯曲。想象一下，当密闭空间正在加速向上时，一束光线从墙壁上的小孔中穿入。当光线到达对面墙壁时，光线与地板的距离会略微减小，因为密闭空间在此过程中有所上升。如果能够画出光线穿过密闭空间的轨道路径，你将会发现由于存在向上的加速度，光线发生了弯曲。等效原理认为，不论是加速上升，还是静止于引力场中，其效果都是相同的。也就是说，光线穿过引力场时也会发生弯曲。

1912 年，爱因斯坦向一位老同学求助，希望他能帮忙解决复杂的数学问题，以描述一个弯曲的四维时空。在此之前，爱因斯坦的成功是基于他对隐藏于大自然背后的物理原理的敏锐洞察力，他总是将寻找这些原理的最佳数学表达式的任务交给别人。但是现在，爱因斯坦意识到数学可能是发现——而非仅仅是描述——自然法则的工具。

爱因斯坦探寻广义相对论的目标，是要找到描述两个相互交织过程的数学方程式——引力场如何作用于物质，使之以某种方式进行运动；物质又如何在时空中产生引力场，使之以某种形式发生弯曲。此后 3 年，爱因斯坦全力以赴试图完善他的理论，却发现在理论雏形中存在着缺陷。直到 1915 年初夏，爱因斯坦才找到完美描述其物理规则的数学表达式。

与第一任妻子关系破裂

那时，爱因斯坦已搬到德国柏林，成为一名教授，还当选了普鲁士科学院院士。但是，他发现自己的工作几乎没有得到任何支持。由于反犹太主义浪潮不断高涨，他无法与身边的同事形成研究伙伴关系。他与妻子米列娃·玛里奇（Mileva Marić）关系破裂，米列娃也是一位物理学家，1905 年爱因斯坦创立狭义相对论时，她曾是他的“顾问”。米列娃带着他们年仅 11 岁和 5 岁的两个儿子回到了苏黎世。爱因斯坦与他的表姐艾尔莎（Elsa）关系暧昧，后来她成了爱因斯坦的第二任妻子，不过那时，他仍然独自生活在位于柏林中部的一间没有什么家具的公寓里。在那里，他无规律地吃饭、睡觉、弹奏小提琴，孤独地为他的伟大理论而奋斗。

整个 1915 年，爱因斯坦的个人生活处于混乱之中。一些朋友不停地催促他与米列娃离婚，然后和艾尔莎结婚；另一些人则劝诫爱因斯坦不应该再与艾尔莎见面，也不应再让她接近他的儿子们。米列娃曾屡次写信向他要钱，对此爱因斯坦感到难以抑制的苦痛。“我认为这种要求已经没有讨论的余地，”他回信说，“你总是试图控制我所拥有的一切，这绝对是不光彩的。”爱因斯坦努力维持着与两个儿子之间的通信往来，但他们却很少回信，于是，他指责米列娃不把自己的信给他们看。

然而就在 1915 年 6 月底，爱因斯坦在一片混乱中思考出了许多关于广义相对论的内容。他以正在思考的问题为主要内容，在德国哥廷根大学（University of Göttingen）开设了为期一周的系列讲座。哥廷根大学在当时是全世界最杰出的数学研究中心，拥有许多非凡的天才，其中最著名的就是数学家大卫·希尔伯特（David Hilbert）。爱因斯坦特别渴望与希尔伯特沟通交流。不过，后来发生的事情表明，爱因斯坦或许有些过于性急——他向希尔伯特解释了相对论的每一个艰涩难懂的细节。

与数学家希尔伯特竞争

爱因斯坦对哥廷根大学的访问取得了成功。几周之后，爱因斯坦向一位物理学家朋友说他已说服希尔伯特认同广义相对论。

在给另一位物理学家的信中，他更是赞叹道："我已被希尔伯特深深吸引！"惺惺相惜之情溢于言表。希尔伯特也同样为爱因斯坦及其理论着迷，以至于没过多久，他就开始自己动手尝试解开爱因斯坦当时尚未完成的谜题——寻找能够完整描写广义相对论的数学方程。

1915 年 10 月初，爱因斯坦已经听到了希尔伯特追寻答案的"脚步声"，与此同时，他意识到当前版本的理论框架——他花费长达两年时间在《广义相对论和引力理论纲要》基础上修改得到的结果——存在着严重缺陷。他的方程无法恰当地解释旋转运动。此外，爱因斯坦还意识到，他的方程并不是广义协变的，这意味着这些方程既不能真正使所有加速运动或非匀速运动成为相对的，也不能完全解释天文学家所观测到的水星轨道反常现象。水星的近日点，即最接近太阳的点，一直在逐渐偏移，牛顿物理学或爱因斯坦当前的理论版本都无法对其做出恰当的解释。

在爱因斯坦耳边有两个滴答作响的时钟：其一他能感觉到希尔伯特正在逐步接近正确的方程；其二他已同意在 11 月份以他的理论为主题，为普鲁士科学院的院士们开设四次周四讲座。整个 11 月份，爱因斯坦几乎累得精疲力竭，在此期间，他一直在努力解决一系列的方程式，不断进行修改和更正，准备向终点做最后的冲刺。

甚至在 11 月 4 日，爱因斯坦到达普鲁士国家图书馆大礼堂，即将开始第一次演讲时，他仍在努力修改他的理论。他一开始演讲就说："过去 4 年来，我尝试建立广义相对论。"爱因斯坦以极为坦诚的态度，详尽讲述了他所面临的困难，并且承认自己还未找到完全符合该理论的数学方程。

此时的爱因斯坦正处于创造力集中爆发前的阵痛阶段，科学史上最重要的时刻即将到来。同时，他还要处理家庭生活中的危机。妻子不断给他写信，催促他寄钱并跟他讨论与两个儿子联系的规定。通过一位他们共同的朋友，她向爱因斯坦表示不希望孩子们去柏林见他，因为在那里孩子们可能会发现他与他表姐的婚外情。爱因斯坦向朋友保证，他在柏林独自生活，"荒凉"的公寓已经有了"一种近乎教堂般的气氛"。谈及爱因斯坦在广义相对论方面的研究工作，这位朋友回答说："这是理所应当的，因为非比寻常的神圣力量正在那里发挥作用。"

就在提交第一篇论文的那天，爱因斯坦给住在瑞士的大儿子汉斯（Hans）写了一封饱含苦痛又令人动容的信，信中写道：

昨天收到了你寄来的短信，我因此感到十分高兴。我原本担心你不再愿意给我写信了……我会尽可能争取，让我们每年都有一个月的时间待在一起，这样你仍然能感受到有一个疼你爱你的父亲。你可以从我这里学到很多东西，这是其他任何人都无法教给你的……在过去的几天里，我完成了有生以来最好的一篇论文。当你长大一些了，我会把这篇论文讲给你听。

在这封信的最后，他为自己表现出的心烦意乱感到些许抱歉。他写道："我常常专注于我的工作，以致忘记吃午饭。"

爱因斯坦还与希尔伯特进行了一次略显尴尬的交流。爱因斯坦听说这位哥廷根的数学家已经发现了《广义相对论和引力理论纲要》中方程的缺陷，担心他抢到先机，便写信给希尔伯特说自己已经发现了其中的缺陷，并寄去了一份 11 月 4 日的演讲稿。

在 11 月 11 日的第二次演讲中，爱因斯坦使用了新的坐标系，使得他的方程成为广义协变方程。但是结果表明，这种改变并没有起到决定性的作用。此时的他虽然离最终答案只差最后一点点距离，却无法再向前迈进一步。爱因斯坦又一次将演讲稿寄给了希尔伯特，并询问希尔伯特的研究进展情况。他写道："我的好奇心正在妨碍我的工作！"

爱因斯坦肯定对希尔伯特的回信感到烦躁不安。因为希尔伯特说已经想到一个"解决你的伟大问题的方法"，并邀请爱因斯坦在 11 月 16 日来哥廷根，听他当面阐述。"既然您对此很感兴趣，所以我想在下周二完整详细地讲述我的理论，"希尔伯特写道，"如果您能来，我和妻子将十分高兴。"然后，在签下自己的名字后，希尔伯特又加上了一句既诱人又令人不安的附言——“根据我对您这篇最新论文的理解，您的解决方法与我的完全不同。”

找到完美的引力场方程

1915 年 11 月 15 日，星期一，爱因斯坦在这一天共写了 4 封信。我们从中可以看到，爱因斯坦身陷个人生活与科学竞争的纠缠纷乱、极富戏剧化的冲突之中。爱因斯坦写信给汉斯说会在圣诞节去瑞士看他。“或许我们单独待在某个地方将会更好，比如在一个偏僻安静的小客栈，”他对儿子说，“你觉得怎么样？”

然后，爱因斯坦给妻子写了一份和解信，感谢她“没有破坏我和孩子们的关系”。他在写给一位朋友的信中说：“我已经修改了引力理论，并且意识到我之前的证明有一个漏洞……我很高兴将在年底到瑞士见我亲爱的儿子。”

他还回复了希尔伯特并婉拒了第二天访问哥廷根的邀请。他在信中坦言了自己的焦虑：“您在信中给我的暗示让我满怀期望。然而，我必须克制自己前往哥廷根的冲动……我感到十分疲惫并且深受胃痛的困扰……如果可能的话，请寄给我一份您修正后的证明，以缓解我的焦躁之情。”

在匆忙仓促中，灵感不期而至，爱因斯坦终于取得了重大突破，想到了描写广义相对论的精确方程，这使得所有的焦虑都化为了喜悦。他对修正后的方程进行了测试，看看它们能否在水星轨道异常近日点进动的问题上得出正确的计算结果。解答是正确的，修正后的方程预测出水星近日点每 100 年会出现 43 角秒的移动。爱因斯坦激动万分，甚至出现了心悸。他告诉一位同事："我沉浸在喜悦和激动中！"他还欣喜若狂地告诉另一位物理学家："水星近日点进动的计算结果令我感到极为满意。天文学学究式的精确度对我们的帮助是多么巨大啊，我竟然还曾暗自对此嘲笑！"

11 月 18 日，就在第三次演讲的当天早上，爱因斯坦收到了希尔伯特寄来的最新论文。让他感到有些沮丧的是这与自己的工作非常相似。他在给希尔伯特的回信中简洁清晰地表明了自己的优先权。"在我看来，您所提供的这个系统与我在过去几周的研究几乎完全一致，我已将论文提交给科学院，"他写道，"在我今天向科学院提交的这篇论文中，我没有基于任何引导性假设，而是从广义相对论出发定量推导出了水星近日点的进动。在此之前，没有任何一个引力理论可以做到这一点。"

第二天，希尔伯特友好且大度地回信，表示自己并没有优先权。"诚挚祝贺您攻克了水星近日点进动的难题，"他写道，"如果我能像您那样计算迅速，那么电子将会在我的方程中缴械投降，氢原子也将会为其不能辐射的原因表示抱歉。”然而，在接下来的一天中，希尔伯特向哥廷根的一家科学杂志提交了一篇论文，给出了他自己版本的广义相对论方程。他为自己的文章取了一个并不是很谦虚的标题——《物理学的基础》（*The Foundations of Physics*）。

我们尚不清楚爱因斯坦是否认真研读了希尔伯特的论文，以及是否受到其内容的影响，他当时正在为普鲁士科学院的第 4 次讲座做准备。不管怎样，爱因斯坦在 11 月 25 日的最后一次演讲中，及时地提出了一组可以描述广义相对论的协变方程，那次演讲的题目为《引力场方程》（*The Field Equations of Gravitation*）。

在外行人看来，这个方程并不像质能方程 $E=mc^2$ 那样生动形象。然而，利用简明扼要的张量符号，将不规则且庞杂的数学表达作为下标列入其中，爱因斯坦场方程的最终形式依然足够简洁，甚至能让物理极客们将之印在 T 恤衫上。在该方程的众多变化形式中，有一个可以写成：

$$R_{\mu\nu}-\frac{1}{2}g_{\mu\nu}R=\frac{8\pi G}{c^4}T_{\mu\nu}$$

方程左边如今被称为爱因斯坦张量（Einstein tensor），可以简写为 $G_{\mu\nu}$，用以描述时空的几何结构是如何因物体的存在而弯曲变形的。方程右边描述了引力场中的物质运动。这个方程表明了物体会弯曲时空，而这种弯曲又会反过来影响物体的运动。

不论是在当时，还是时至今日，关于优先权的争论仍然存在，科学家想知道，广义相对论数学方程中的哪些部分是由希尔伯特最早发现的，而非爱因斯坦。然而无论如何，这些方程所表述的正是爱因斯坦的理论，正是爱因斯坦于 1915 年夏天在哥廷根向希尔伯特讲解了这一理论。希尔伯特在他论文的最终版本中颇有风度地指出："在我看来，最终得到的引力微分方程与爱因斯坦所建立的宏伟的广义相对论是一致的。"后来他曾总结说："的确是爱因斯坦完成了这项工作，而不是数学家。"

在之后的几周内，爱因斯坦和希尔伯特修补了他们之间的关系。希尔伯特提名爱因斯坦为哥廷根皇家科学学会会员。爱因斯坦亲切地回信说，作为两个已经领略超凡理论的人，他们之间的关系不应当受到世俗情绪的影响。"我们之间曾存在某种怨意，我不想分析其原因，"爱因斯坦写道，"这种情绪令我痛苦，我努力想摆脱它们，并最终战胜了这种情绪。我再次以纯粹的善意想起了你，希望你对我也同样如此。如果从这个粗鄙世界中挣脱出来的两个本该惺惺相惜的人却不能相互欣赏、分享快乐，平心而论这是一件令人羞愧的事情。"

迄今为止最伟大的科学发现

我们可以理解爱因斯坦的自豪之情。他在 36 岁的年纪，就对我们的宇宙观做出了极富戏剧性的修正。他的广义相对论不仅仅是对一些实验数据的解释，也不只是发现了一组更加精准的定律，而是一种关于现实的全新视角。

通过狭义相对论的创立，爱因斯坦已经证明，空间和时间并非独立存在，而是形成了一种时空构造。如今，通过广义相对论的创立，这种时空构造不再仅仅是一个对象和事件的容器，而是具有了自身的动力机制——既可以被其中物体的运动所决定，又可以反过来决定其中物体的运动。就如同，当一颗保龄球和一些台球在弹簧床上滚过时，弹簧床会因此弯曲变形；反过来，弹簧床的弯曲变形也将决定球的滚动路径，使得台球向保龄球靠近。

这种弯曲的时空构造解释了引力及其与加速度的等效原理，还有关于各种运动形式的广义相对论。在量子力学先驱保罗・狄拉克（Paul Dirac，获得 1933 年诺贝尔物理学奖）看来，它“或许是迄今为止最伟大的科学发现”。而另一位 20 世纪的物理学巨匠马克斯・玻恩（Max Born，获得 1954 年诺贝尔物理学奖）称之为“人类思考自然的最伟大壮举，哲学思辨、物理直觉和数学技巧最令人惊艳的结合”。

创立广义相对论的整个过程让爱因斯坦疲惫不堪。他的婚姻已经破裂，战火正在欧洲肆虐。但他却感到从未有过的幸福。“我最大的梦想已经实现，”他欣喜若狂地向他最好的朋友、工程师米歇尔·贝索（Michele Besso）说，“新的理论具备了广义协变性，且对水星近日点进动的计算惊人地精确。”他说自己“心满意足，同时又心力交瘁”。

多年以后，当爱因斯坦的小儿子爱德华（Eduard）问及他为何如此知名时，爱因斯坦用简单的图像描述了他的基本观点——引力使得时空弯曲。他说：“一只盲目的甲虫在弯曲的树枝表面爬动，它没有注意到自己爬过的轨迹其实是弯曲的，而我很幸运地注意到了。”

相对论简介

广义相对论重新定义了引力概念，不再将引力看作是一种物质间相互吸引的牵引力，而是将其视为时空几何结构变化所引起的结果。这一观念最早可追溯到爱因斯坦在 1905 年创立的狭义相对论，狭义相对论将空间和时间看作是单一的实体——时空。而在广义相对论中，爱因斯坦认为当时空中存在质量时，时空将会弯曲并使物体沿着弯曲的路径运动。当时空中的质量极大且所处空间极小时，时空就会无限弯曲，形成一个黑洞。

不存在质量的时空

义相对论首先建立了一个我
所知道的四维宇宙——三个
间维度和一个时间维度。在
有质量存在的情况下，时空
质上是一个网格，对运动物
而言其最短路径为直线。由
我们不能在二维平面中描述
维时空，所以我们在一个三
空间的简图上标出了一个对
在不同时间的位置，用以表
缺失的第四个维度。

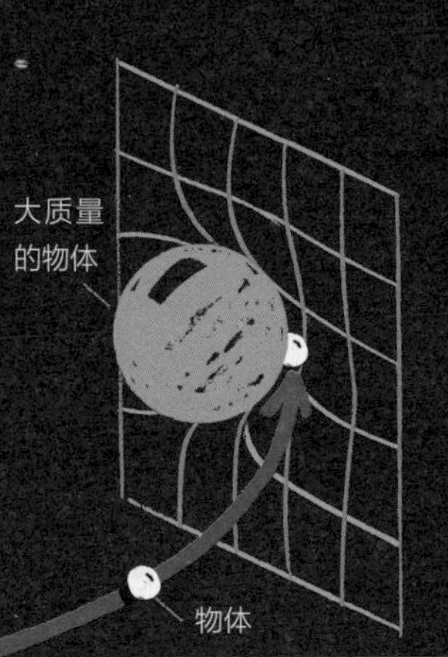

存在质量的时空

当存在质量时——可能是一颗恒星、一颗行星，或者一个人，时空会在其周围发生弯曲，导致在附近运动的物体必将沿着一个弧形轨道向其靠近。正如在球体表面无法沿直线运动一样，在弯曲的时空中同样不可能沿直线运动。引力便从中产生，即我们所观察到的两个物体之间的吸引力。左图是时空弯曲的二维简图，下图是相同情况下的三维示意图。

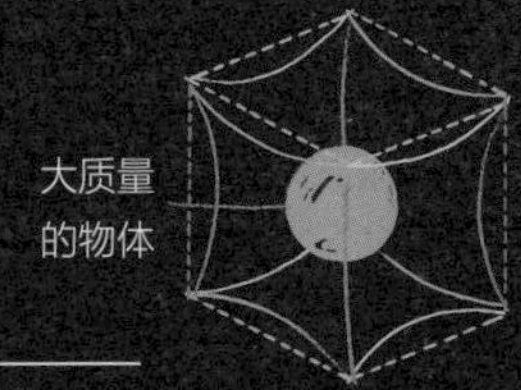

存在极大质量的时空

广义相对论最令人吃惊的推论之一就是关于黑洞的概念。当物质密度极高而产生一个所谓的奇点（singularity）时，时空在该点上将会无限弯曲。黑洞被定义为奇点周围引力极强，以致没有任何物体可以从中逃脱的区域。当代物理学家认为，黑洞在宇宙中是普遍存在的，通常是由恒星死亡产生的。下图右边是黑洞的二维简图，左边是相同情况下的三维示意图。

1，2，3= 空间　4= 时间
第3个维度
第2个维度
第1个维度
质量
物体
去的位置
现在的位置
将来的位置

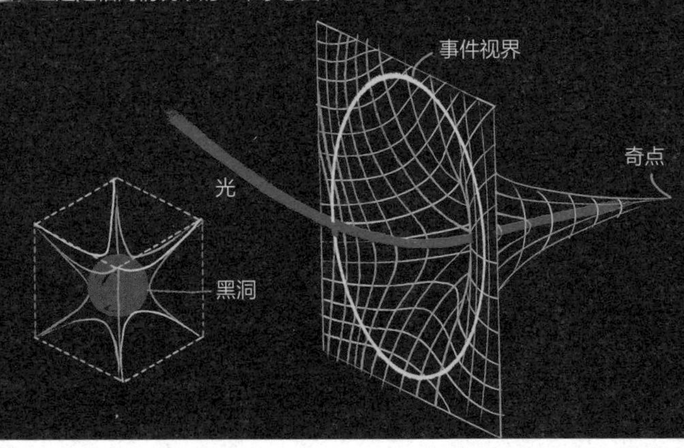

插图：Nigel Holmes

古老数系助力弦论

我们生活在10维宇宙之中？发明于19世纪、
已经被我们遗忘的一种数系或许
能对这个问题做出最简洁的解释。

约翰·C. 巴茨（John C. Baez）
约翰·韦尔塔（John Huerta）
庞 玮 译

我们小时候都学过数字，一开始是数数，接下来学加、减、乘、除。但对数学家而言，我们在学校里所学的数字只是众多数系中的一种，除此之外还有其他一些数系（number system），它们对我们理解几何与物理至关重要。八元数（octonion）就是这些奇怪数系中的一种，自它在1843年被发明出来后，一直都默默无闻，直到最近几十年，人们才发现它在弦论（string theory）中大有用武之地。毫不夸张地说，如果弦论真的是对宇宙的正确描述，那八元数就能解释为何宇宙具有目前的维度。

变虚为实

八元数并不是第一个可以帮助我们深入理解宇宙的纯数学概念，也不是首个找到实际应用的非常规数系。要明白个中缘由，我们先来看看最简单的数系之一，也就是我们都学过的那种，数学家管它们叫实数（real number）。所有实数的集合构成一条直线，所以我们说实数集是一维的。反过来说也行：我们将直线看作是一维的，是因为确定直线上的任何一个点只需要一个实数。

在 16 世纪之前，实数是人类掌握的唯一数系。在接下来的文艺复兴中，胸怀大志的数学家试图征服更复杂的方程，甚至瞄准最困难的问题相互挑衅展开竞赛。–1 的平方根就是此时期意大利数学家、物理学家、赌徒和占星术士杰罗拉莫·卡丹诺（Gerolamo Cardano）手中的秘密武器。与其他人的谨小慎微不同，卡丹诺在通常只涉及实数的长篇计算中毫无顾忌地信手使用这个神秘的数。他并不清楚为什么这个把戏会起作用，他唯一知道的是这样做能得到正确的结果。1545 年他将自己的想法公开发表，由此引发了一场延续数个世纪的争论：–1 的平方根是真实存在的，还是仅仅是数学上的处理技巧。直到近一个世纪之后，勒内·笛卡尔（René Descartes）才对 –1 的平方根做出定义，他略带贬义地称它为“虚幻的”（imaginary），因此，我们现在也用 imaginary 的首字母 i 来表示它。

尽管存在争执，数学家最终选择跟随卡丹诺，开始使用复数（complex number），即形如 $a + b\mathrm{i}$ 的数，其中 a 和 b 是普通实数。在 1806 年前后，让 – 罗贝尔·阿尔冈（Jean–Robert Argand）的一本小册子普及了“复数是对平面上点的描述”这一观点。怎样用 $a + b\mathrm{i}$ 来描述平面上的一个点？很简单：数 a 告诉我们这个点的横坐标，而 b 告诉我们它的纵坐标。

用这种方式，我们能将任一复数与平面上的一个点对应起来，但阿尔冈更进一步，他还展示了如何将复数间的加、减、乘、除运算表示成平面上的几何变换。

为了理解复数运算和平面几何变换之间的对应关系，我们先用实数来做个热身。实数的加、减运算相当于将代表全体实数的直线（实轴）向左或向右移动一定距离。正实数的乘、除则相当于将实轴拉伸或压缩，比如说乘以 2 即相当于将实轴拉伸 2 倍，而除以 2 就是压缩至原来的 1/2，使得所有点之间的距离都变成此前的 1/2。乘以 –1 相当于将实轴左右掉转。

这套规则也适用于复数，只不过稍微多了些花样。给平面上某个点加上一个复数 $a + b\mathrm{i}$，就是将该点向左（或向右，取决于 a 的正负）移动 $|a|$ 的距离，然后再向上（或向下，取决于 b 的正负）移动 $|b|$ 的距离。乘上一个复数则相当于在拉伸或压缩平面的同时旋转整个平面，乘上 i 意味着将平面逆时针旋转 90°，所以如果给 1 乘 i 再乘 i，就相当于将整个平面逆时针旋转 180°，

于是 1 就变成了 –1。复数除法是乘法的逆运算，所以如果乘法拉伸平面，那除法就压缩平面，然后再反向旋转整个平面。

多维中的数学

中学老师告诉我们如何将加、减这样的抽象概念和具体操作联系起来：加减一个数就相当于将数字沿着数轴前后移动。这种代数和几何间的对应实际上威力无穷，数学家借此能用八元数解决不可思议的八维世界中的问题。下方图式说明了如何将实数中的代数运算扩展到二维的复数中去（将参与运算的数均视为正数进行说明）。

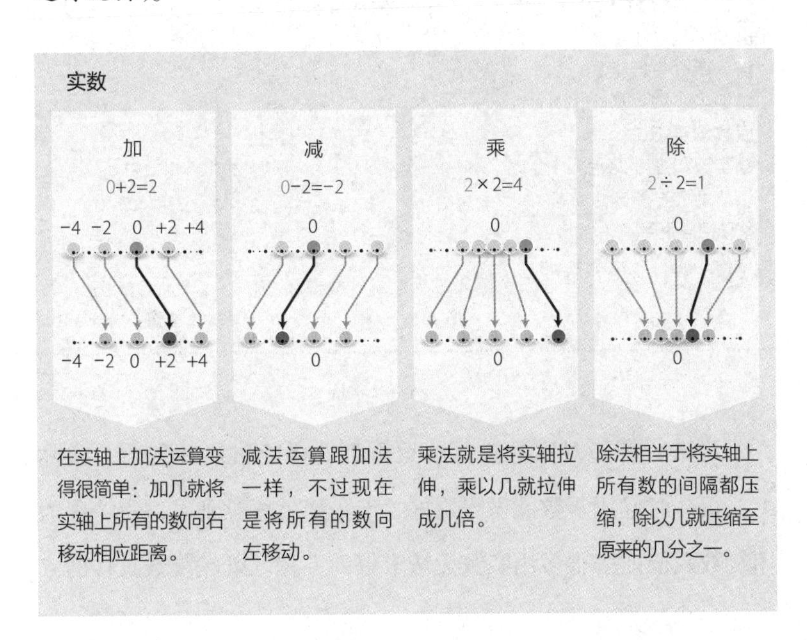

实数
加
0+2=2
-4 -2 0 +2 +4
-4 -2 0 +2 +4
减
0−2=−2
0
0
乘
2×2=4
0
0
除
2÷2=1
0
0
在实轴上加法运算变得很简单：加几就将实轴上所有的数向右移动相应距离。
减法运算跟加法一样，不过现在是将所有的数向左移动。
乘法就是将实轴拉伸，乘以几就拉伸成几倍。
除法相当于将实轴上所有数的间隔都压缩，除以几就压缩至原来的几分之一。

复数

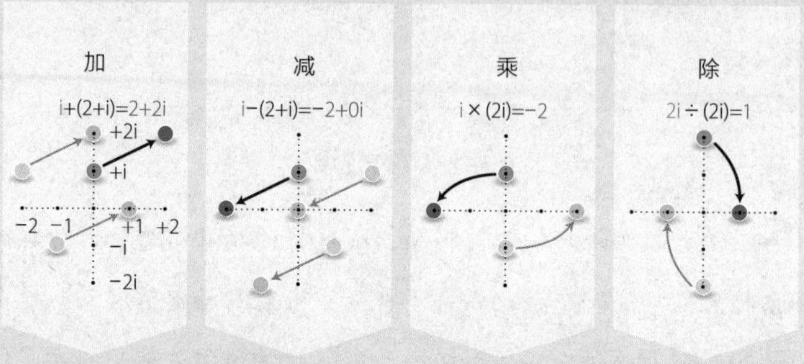

加

$i+(2+i)=2+2i$

复数包含两部分：不带 i 的称为实数部分或实部，相当于一点的横坐标；带 i 的称为虚数部分，i 的实系数称为虚部，相当于纵坐标。两个复数相加就相当于将第一个复数按照第二个复数实部和虚部的大小分别向右和向上移动相应距离。

减

$i-(2+i)=-2+0i$

与加法类似，一个复数减去另一个复数就将被减数向左和向下移动相应距离。

乘

$i\times(2i)=-2$

乘法变得更有趣，就像实数中一样，乘法会拉伸一个复数，不仅如此，乘 i 就相当于将原来的复数逆时针转 90°。

除

$2i\div(2i)=1$

与实数中的除法一样，除法会压缩一个复数，同时将该复数顺时针旋转。

插图：Brown Bird

几乎所有能对实数进行的运算都同样能对复数进行，实际上，很多时候用复数能做得更好，卡丹诺就察觉到了这点，因为用复数我们能解很多用实数无法求解的方程。既然复数这样的二维数系能扩展我们的计算能力，那更高维的数系是不是威力更大呢？很遗憾，19 世纪初的数学家没有找到什么简单的手段能继续增加数系的维度。数十年之后，高维数系的秘密才由一位爱尔兰数学家揭示出冰山一角，而又过了两个世纪，也就是直到今天我们才刚刚开始领教它的强大威力。

哈密顿的魔法

1835 年，刚过而立之年的数学家和物理学家威廉·若万·哈密顿（William Rowan Hamilton）发现了将一个复数 $a+b\mathrm{i}$ 当作一对实数来处理的方法。当时的数学家普遍采用阿尔冈的方法将复数写成 $a+b\mathrm{i}$ 的形式，但哈密顿注意到复数可以被看作两个实数 a 和 b 的另一种写法，想通了这一点就可以用一对实数来表示复数，比如 $a+b\mathrm{i}$ 可以记为（a，b）。

这种表示法的好处是复数的加减运算变得很直观，只需将对应位置上的实数相加减就可以了，比如（a，b）+（c，d）的结果就是（$a+c$，$b+d$）。哈密顿还找到了该表示中复数乘除法的运算规则，虽然稍微复杂一些，但它保持了阿尔冈所发现的复数漂亮的几何意义。

就这样，哈密顿为对应二维平面几何的复数发明了一套代数运算体系。接着他试图为形如（a，b，c）的三元数组也建立一套这样的代数运算体系，这样就可以将三维几何与代数联系起来，为此他苦苦追寻多年却劳而无功。后来在给儿子的一封信中他这样回忆那段时光："每天早晨，你和你弟弟只要一看到我从楼上下来吃早餐，就会问：'爸爸，你会乘三元数了吗？'而我总是无奈地回答：'不会，我还是只会加减。'"那时的哈密顿还不知道，他给自己设立的目标在数学上是不可能完成的。

哈密顿当时想要寻找的是一个可以进行加、减、乘、除运算的三元数系，这其中除法是最困难的。数学家将可以进行除法运算的数系称为可除代数（division algebra），他们一直对可除代数有一个猜测，但直到 1958 年才由三位数学家证明只有在一维（实数）、二维（复数）、四维和八维下才存在可除代数。哈密顿无法成功，除非彻头彻尾地改变数学的规则。

1843 年 10 月 16 日，哈密顿想出了一个解决方案。这一天他与妻子沿着都柏林的皇家运河散步，准备去爱尔兰皇家科学院参加会议，突然之间他灵光一现。要描述三维空间中的变化，仅用三个数是不够的，他还需要第四个数，这样形成一个四维的集合，其中的元素都形如 $a + b\mathrm{i} + c\mathrm{j} + d\mathrm{k}$，称为四元数（quaternion），其中 i，j，k 表示三个独立的虚数单位（即 –1 的平方根）。

哈密顿后来写道："彼时彼处，我突然感觉脑海中盘旋的思想电流闭合了，由此激发出来的火花就是 i，j，k 之间需要满足的等式，这些等式形式是那么完整，我需要做的只是将它们照录下来而已。"接下来他留下了史上最著名的数学家涂鸦，在布鲁厄姆桥（Brougham Bridge）的桥墩上刻下了这组等式。今天哈密顿的手刻已经淹没于后人的涂抹之中，取而代之的是一块新立的石板以纪念这次发现。

描述三维空间中的变化竟然需要四维的数组，这听起来也许很怪异，但事实的确如此。描述转动就需要三个数，想象一下飞机如何在三维空间中导航将有助于看清这点：为了保持航向正确，我们需要调节俯仰，也就是机头相对于水平面的上下夹角；接下来需要调节偏航，就像驾驶汽车一样将飞机向左或向右转；最后还需要调节横滚来改变机翼与水平面之间的夹角。与二维平面上类似，三维空间中除了转动同样也有拉伸与压缩，这就需要第四个数来描述。

哈密顿将此后余生都献给了四元数，并发现了很多实际应用，时至今日，很多这类应用中四元数都被更为简单的矢量（vector）代替。矢量有点像四元数的表亲，形式为 $a\mathrm{i} + b\mathrm{j} + c\mathrm{k}$（即四元数中第一个量取 0）。但四元数在现代世界仍有其可用之处，它提供了一种在计算机上表示三维旋转的有效方法，所以无论是飞行器的自动导航系统还是电子游戏的图像引擎中都有它的身影。

无尽的虚幻

抛开这些应用不谈，我们也许仍心存疑惑，既然已经定义了 i 为 −1 的平方根，那四元数中同为 −1 平方根的 j 和 k 究竟是什么？–1 真的存在不同的平方根吗？这样的平方根是我们想要多少就有多少吗？

这些问题是哈密顿大学时代的朋友、律师约翰·格雷夫斯（John Graves）提出来的。正是格雷夫斯对代数的业余爱好使得哈密顿开始思考复数和三元数。就在 1843 年秋天那次改变命运的散步的次日，哈密顿就在给格雷夫斯的信中描述了自己的发现。格雷夫斯 9 天后写了回信，在对哈密顿的大胆设想表示赞赏之余，他也写道："我还是觉得你的做法存在一些问题。随心所欲地创造虚数，又赋予这些创造物以超自然的属性，我目前不知道这样做是否合理。"但他接着又用了这样的比喻："如果用你的魔法能凭空变出 3 磅（约 1.36 千克）黄金来，你为什么不接着变下去？"

不过就像他的前辈卡丹诺一样，格雷夫斯很快就将疑虑搁置一边，自己用这套魔法开始变起黄金来。同年 12 月 26 日，他再次给哈密顿去信，信中描述了一个八维的数系，他称之为八程数（octave，原指音乐中的八度音程），也就是今天我们所说的八元数。这次格雷夫斯未能让哈密顿对自己的想法产生兴趣，不过哈密顿答应将在爱尔兰皇家学会上提及格雷夫斯的八程数，这是当时数学家公开发表自己工作成果的途径之一。但哈密顿一直未能履约，1845 年年轻的数学天才阿瑟·凯莱（Arthur Cayley）也独立发现了八元数，并先于格雷夫斯发表，因此八元数有时又被称为凯莱数（Cayley number）。

为何哈密顿对八元数缺乏热情？原因之一在于他正忙于研究自己的发现——四元数。除此之外还有个数学上的原因：八元数破坏了一些数学家珍爱的算术规律。

在算术上，四元数已经比较奇怪了。当你将实数相乘时，前后顺序并不重要，2 乘以 3 等于 3 乘以 2，我们说这样的乘法是可交换的。复数乘法也是可交换的，但四元数乘法却是非交换的，不同的顺序会乘出不同的结果。

相乘的顺序之所以重要，是因为四元数描述了三维空间中的转动，而转动的先后顺序决定了最终结果。你不妨亲自动手试试看。拿一本书，先绕水平轴转 180°（你看到的是倒过来的封底），再绕竖直轴逆时针转 90°（你看到的是倒向的书口）；现在改变上述转动的顺序，先绕竖直轴逆时针转 90°（你看到的是正向的书口），再绕水平轴转 180°（你看到的是倒向的书脊）。这两种不同顺序的转动给出了不同的结果，换言之，转动的结果依赖于转动顺序，所以转动是非交换的。

旋转顺序之谜

通常乘法能以任意顺序进行，例如 $3\times 2=2\times 3$。但在高维数系如四元数和八元数中，乘法顺序变得至关重要。以四元数为例，它描述的是三维空间中的转动，如果我们转动一本书，转动顺序会对最终结果造成极大的影响。下图上面一行中，我们先绕水平轴转动，再绕竖直轴转动，最终书口朝外；而在下面一行中，我们先绕竖直轴转动，再绕水平轴转动，结果书脊朝外。

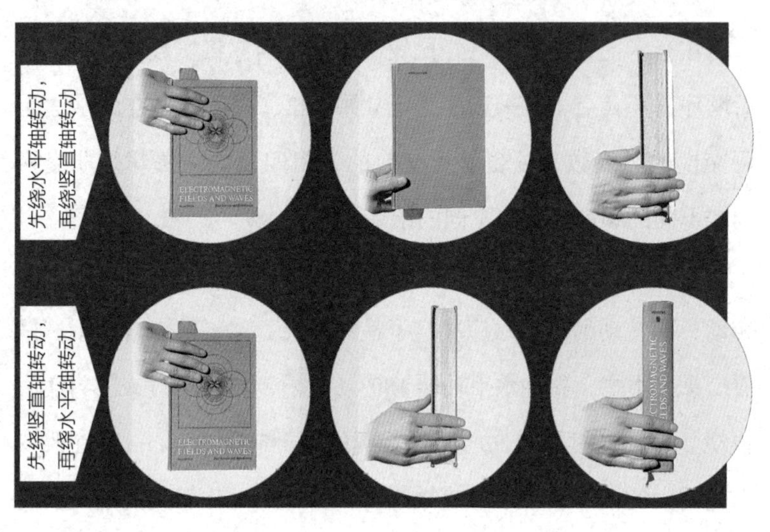

八元数就更为怪异了，它们的乘法不仅是非交换的，而且还破坏了另一个我们熟知的算术规律：结合率（associative law），用符号来表示即 $(xy)z = x(yz)$。不满足结合律的运算在数学中并不罕见，比如减法就是，例如 $(3-2)-1 \neq 3-(2-1)$。但我们所用的乘法一直都是满足结合律的，而三维转动虽然是非交换的，但仍满足结合律。

这些都不是最重要的，哈密顿的时代无法了解八元数的真正妙处，那就是它与 7 维和 8 维几何有密切联系——我们能用八元数乘法来描述 7 维和 8 维空间中的转动。不过后来者虽然知道了这点，也仅仅将它看作纯粹的智力游戏，这样的状况持续了一个多世纪。随着现代粒子物理学，尤其是弦论的发展，人们才逐渐了解八元数如何对现实世界产生作用。

对称与弦

在 20 世纪七八十年代，理论物理学家们发展出一个惊人的美妙想法，即超对称（supersymmetry，后面的研究发现弦论需要超对称）。超对称断言在最基本的层次上，宇宙展现出物质与基本力之间的对称性：每种构成物质的粒子（如电子）都有一个伴随粒子用以传递相应的基本力；而每种传递基本力的媒介粒子（如传递电磁相互作用的光子）亦有一个物质粒子同伴。

超对称还包括不变性要求，即如果我们将物质粒子与媒介粒子交换，那么物理定律保持不变。设想有一面奇怪的镜子，镜中的宇宙不仅左右掉转，而且所有媒介粒子都换成相应的物质粒子，反之亦然。如果超对称是正确的，也就是说，如果超对称是对我们这个宇宙的真实描述，那么这面镜子中的宇宙将和我们的宇宙完全一样。尽管物理学家还未找到任何支持超对称的可靠实验证据，但因为它美妙绝伦，所以拜倒在该理论之下的数学家和物理学家不知凡几，他们都希望超对称是对的。

有些东西我们已经知道是对的，比如量子力学。量子力学认为粒子亦是波。物理学家整日摆弄的是三维空间中的标准量子力学，其中有一类数（名为旋量，spinor）描述物质粒子的波动，另一类数（名为矢量，vector）描述媒介粒子的波动。如果要理解粒子间的相互作用，我们必须用一种拼凑而成的类似乘法的运算将旋量和矢量结合起来，这套方法也许管用，但绝对谈不上有多雅致。

不过我们可以另辟蹊径。设想有这样一个奇怪的宇宙，里面没有时间只有空间，如果这个宇宙的维度是 1、2、4 和 8，则只用一类数就可以同时描述物质粒子和媒介粒子的波动，这个数必然属于可除代数，也就是该维度下唯一有加、减、乘、除运算的数系。于是旋量和矢量合二为一，在上述维度中就是实数、复数、四元数和八元数。这就自然产生了超对称，为物质和基本力提供了一个统一的描述，其中相互作用变成简单的乘法，所有粒子不论类型都使用同一个数系。

当然这个宇宙不可能成为现实，因为还没考虑时间。在弦论中，时间的加入会产生一个迷人的结果。在任何时刻，弦都是一维的，如一条曲线或直线，但随着时间的变化一条弦会延展成一个二维的面。弦的这种演化会改变能自然产生超对称的维度，现在要额外增加两个维度，一个是弦的维度，一个是时间维度，于是超对称的维度就从 1、2、4、8 变成了 3、4、6、10。

无巧不成书，弦论专家多年来一直声称只有 10 维的弦论才能自圆其说，其他维度的弦论都有称为反常（anomaly）的瑕疵，会使得计算结果依赖于计算方法。弦论只有在 10 维中才能站住脚，但我们现在知道，10 维的弦论需要用到八元数。所以如果弦论是正确的，那八元数就从数学珍玩一跃成为宇宙经纬，它为宇宙何以有 10 维提供了一个深层解释，因为在 10 维下物质粒子和媒介粒子能融合在一个数系中，那就是八元数。

故事至此还未画上句号。最近物理学家的研究对象开始由弦至膜（membrane），举例来说，一张二维的膜（2–brane）在任何时刻看上去都是一个二维的面，但随着时间流逝，它会在时空中延展成一个三维的体。

参照弦论中我们给超对称维度加上两个额外维度，对膜而言我们就要加上三个，所以在膜宇宙中能自然产生超对称的维度是 4、5、7 和 11。正如在弦论中一样，这里又有个惊喜在等着我们：研究者告诉我们 M 理论（这里的 M 通常指膜）成立的维度刚好是 11 维，这似乎暗示它其实也建立在八元数上。不过有人说 M 也可以解释成“神秘”（mysterious），因为眼下还没人完全理解 M 理论，更谈不上写出它的基本方程，它的真容还在云山雾罩之中。

这里我们要强调一下，无论是弦论还是 M 理论目前都未能做出任何实验上可进行验证的预言。它们是美丽的梦想，固然美丽但暂时只是梦想。我们生活的宇宙看不出有10维或11维的样子，而且我们也还没看到物质粒子和媒介粒子之间有对称的迹象。欧洲核子研究中心（CERN）大型强子对撞机（LHC）的任务之一就是寻找超对称的迹象，但弦论的权威专家之一戴维·格罗斯（David Gross）认为找到的概率只有50%，质疑者则认为会更低，一切都有待时间去评判。

由于不确定是否有超对称，所以奇异八元数究竟是理解宇宙的密钥，还是只是美丽的数学玩物，它的命运可能还要很长一段时间后才能揭晓。当然，数学美本身就是一种褒奖，但如果真的是八元数编织出宇宙结构，那真可谓锦上添花。无论如何，正如复数及其他无数数学发展所昭示的，这已经不是物理学家第一次在纯数学中觅得如此得心应手的美丽发现了。

谁保护了墨西哥湾

海洋中的洋流形成了一堵看不见的“水墙”，
在漏油事件中保护了墨西哥湾的海岸。
人们曾经认为这些洋流的流向是不可预测的，
但科学家正在寻找一种揭开其神秘面纱的方法。

达纳 · 麦肯齐（Dana Mackenzie）
王东晓　李国敬　译　　虞左俊　审校

2010年的夏天，整个墨西哥湾都被美国历史上最大的海上油井漏油事件给搅乱了：英国石油公司（BP）租用的“深水地平线”（Deepwater Horizon）油井平台爆炸起火并倒塌，原油从海底井口源源不断地涌出。游客们不再成群结队地涌向墨西哥湾海滨这个度假胜地，因为新闻报道说，油井的漏油正在或者很快就要漂进墨西哥湾海岸。甚至连远在南佛罗里达州的迈尔斯堡和基拉戈的海滩上都见不到游客，造成酒店入住率下跌。

实际上，情况并非如此糟糕，尤其是在佛罗里达州的西海岸。墨西哥湾沿岸的这部分海岸，在整个原油泄漏期内被一堵看不见的稳定屏障保护着。这条看不见的分界线在佛罗里达州西岸的大陆架上，它控制了原油的移动方向，并阻止原油向更远的东部蔓延。这条分界线不是由什么固体实物组成的，而是一堵随着洋流移动的水墙。然而，这堵水墙能像任何海堤和围油栏一样，有效地阻止漏油向东蔓延。

科学家称这些看不见的水墙为“运输屏障”（transport barriers），其作用相当于陆地上的分水岭（分隔相邻两个流域的山岭或高地，分水岭两边的河水分别流向两个相反的方向）。这些水墙可以将其两边从不同方向流过来的海水分隔开。在混沌的海洋中，它们提供了一张线路图，告诉你海水会向哪里流。虽然在通常情况下，洋流的流向似乎完全无法预测，但运输屏障给了这些乱流一定的秩序和结构。

近些年来，关于这些洋流结构的研究已经得到了蓬勃发展，但其重要性还没能完全得到科学界的认可。不过，研究人员已经证实，他们的研究可以帮助解释，为什么墨西哥湾漏油事件中海洋表面的原油消失得要比任何人预期的都快，以及为什么这些原油没有穿过佛罗里达海峡进入大西洋。如果未来再出现海上漏油事件，理解这些洋流结构能够提高清理工作的效率。这类研究也能够阐明血液流动如何影响动脉斑块（plaque）的形成，并有助于预测引起过敏的孢子在空气中的迁移。

混沌（chaos）研究是在 20 世纪 70 年代兴起的。当时，科学家发现在某些自然现象中，即使微小的扰动也可能导致极大的变化。一个著名的传说是，一只蝴蝶扇动其翅膀，周围的气流可能因此产生细微的变化，这些细微变化可能会引起一连串越来越大的变化，以至于数周之后，在地球的另一侧引起一场龙卷风。

流动的流体——包括气体（如空气）和液体（如海水）——实际上是混沌系统（chaotic systems）的典型例子。从墨西哥湾暖流到通过风力涡轮机的气流，再到足球运动员踢出的弧线球，这些现象都受流体动力学支配。描述流体运动的数学方程最早由克劳德–路易·纳维（Claude–Louis Navier）和乔治·斯托克斯（George Stokes）于 19 世纪上半叶提出。然而，给出方程是一回事，解方程则是另外一回事，纳维–斯托克斯方程（NS 方程）仍然是目前最具挑战性的数学问题之一。

理论上，纳维–斯托克斯方程的一个精确解能详细预测流体的未来状态。但是，这个解的精确性取决于你对当前状态的了解——或者用科学家的术语来说，取决于初始条件。事实上，你永远无法知道海洋中每一个水分子会向哪里移动，在混沌系统中，任何不确定性都会随时间呈指数增长——就像传说中的蝴蝶效应那样。这样，你的纳维–斯托克斯方程的精确解将很快变得没有任何实际意义。

然而，“混沌”并不意味着“随机”或“不可预测”，至少在理论上不是这样。在 21 世纪初，数学家创造了一个理论框架来理解具有持久性的流体结构，例如隐藏在混沌流体中的运输屏障。现任职于瑞士联邦理工学院的数学家乔治·哈勒（George Haller）在 2001 年给这些结构起了一个相当拗口的名字——“拉格朗日相干结构”（Lagrangian Coherent Structures，LCS，又称拉格朗日拟序结构）。哈勒为这些复杂的结构取的另一个名字“湍流之骨”（the skeleton of turbulence）或许更有诗意一些。一旦确定了流体中的这些结构，你就能够做出有效的中短期预测，例如预报洋流会将某个物体带到哪里，甚至不需要知道纳维 – 斯托克斯方程的精确解。

那么，运输屏障看起来像什么呢？其实，它就像一个香烟的烟圈。烟圈的环本身就是一个吸附性的线状拉格朗日相干结构——烟雾颗粒就好像被磁铁吸引着一样，向这个环靠近。通常情况下你看不到这个结构，但是如果你将烟雾吹入到空气中，烟雾颗粒将聚集在这个屏障结构的周围，从而让你可以看见烟圈。

更难看见的是具有排斥性的拉格朗日相干结构。如果它们是可见的，你会看到该结构好像正在将颗粒向外推。将时间倒流能更容易看到这种结构（因为这时候该结构会吸引颗粒），可是时间不能倒流，所以找到这种结构的唯一方法是采用计算机分析。虽然很难观察到，但这种具有排斥性的相干结构非常重要，因为哈勒已经在数学上证明它们会形成运输屏障。

2003 年的夏天，在加利福尼亚州蒙特利湾进行的一个实验表明，拉格朗日相干结构可以被实时、实地计算出来。伊利诺伊理工学院的数学家肖恩·C. 沙登（Shawn C. Shadden）和合作者在该海湾周围放置了四部高频雷达，来监控海湾的表层洋流。

通过分析雷达数据，研究人员发现，在大部分时间里，有一个运输屏障蜿蜒地经海湾南端的皮诺斯角（Point Pinos，这里有美国最古老的灯塔，每天为途经加利福尼亚沿岸的船舶导航）通向海湾北端。处于这个海湾中的屏障东边的水在蒙特利湾内回流。而屏障西边的水将流出蒙特利湾，进入太平洋（这个运输屏障偶尔会离开皮诺斯角，移向湾外的太平洋）。万一蒙特利湾出现污染物泄漏，这些信息可能起到至关重要的作用。

为了证实上述运输屏障确实像计算机分析的那样，沙登的团队与蒙特利湾水族馆研究所合作，部署了四个漂流浮标，并跟踪浮标的运动。他们在运输屏障的两边各放置了一个浮标，其中一个浮标会随着流回蒙特利湾的洋流在这个海湾的西面打转，而另一个则将搭载着洋流这辆顺风车沿着海岸向南移动。他们还发现，打转的那个浮标会在海湾内停留 16 天——尽管沙登他们在进行计算机分析时，仅采用了 3 天的观测数据。计算结果的可靠性证明了运输屏障本身的强度和持久性。在这 16 天里，运输屏障的确像一堵看不见的水中高墙。

躲过大难的墨西哥湾

运输屏障概念最引人注目的实例是 2010 年墨西哥湾原油泄漏以后的海况。海洋学家和数学家已经分析了大量数据，并向人们展示这些信息能帮助科学家更好地预测原油扩散后的去向。

拉格朗日相干结构也许可以帮助解释为什么墨西哥湾原油泄漏以后，海面的原油消散得比任何人预期的都要快。相比之下，1989 年埃克森·瓦尔迪兹号油轮在阿拉斯加威廉王子湾的漏油事件中，原油的消散速度要慢很多。（关于墨西哥湾原油泄漏后海面以下原油的去向则更有争议性，因为大部分原油可能仍然滞留在海湾底部。）原来，温暖的墨西哥湾是大量以碳氢化合物为食的微生物的乐园，这些微生物一向以自然渗入墨西哥湾海域的碳氢化合物为主食。泄漏的原油提供了比往常更丰富的碳氢化合物，这些微生物便繁盛起来。加利福尼亚大学圣巴巴拉分校的微生物学家戴夫·瓦伦丁（Dave Valentine）和数学家伊戈尔·麦赛可（Igor Mezic）的研究结果表明，细菌倾向于聚集在运输屏障隔起来的区域内。很明显，这些区域的长期稳定性有助于微生物降解原油。瓦伦丁指出，如果这一事件发生在巴西沿海（这里也具有巨大的深海石油储存量），结果将会完全不同。因为巴西沿岸的洋流直接进入大西洋，而大西洋里并没有聚集大量以碳氢化合物为食的微生物。

运输屏障也可以用来解释为什么“深水地平线”泄漏的原油没能进入墨西哥湾口的“环套流”（the Loop Current）。环套流是墨西哥湾暖流的一部分，如果泄漏的原油进入环套流，就可能被墨西哥湾暖流带着北上，从而污染美国东海岸的大片海滩。直到2010年7月2日，美国国家海洋和大气管理局（NOAA）仍然预测部分泄漏的原油有61%~80%的概率会进入环套流。这是基于墨西哥湾15年的洋流历史数据做出的预测。

不幸中的万幸是，在这次原油泄漏事件中，异常强劲的西南风把浮油吹向北方，远离了环套流。另外，一个叫作艾迪·富兰克林的巨大涡旋从环套流中脱离了出来，在浮油和环套流之间形成了一道屏障，将环套流推向比平常的位置更远的南部。这些现象是否可以预测，还有待进一步观察。然而，哈勒和迈阿密大学的海洋学家玛丽亚·奥拉斯科加（Maria Olascoaga）已经证实，浮油看来反复无常的变化其实是可预测的。例如，在2010年5月17日，一片巨大的老虎尾巴形状的浮油突然在一天之内向西南行进了160多千米。根据他们的计算分析，这条“老虎尾巴”沿着一个吸附性的拉格朗日相干结构南行，此结构在7天前与强大的吸附性核心同时形成。同样地，由于观测到浮油东部形成了一个异常强的排斥性核心，他们提前9天就预测到，2010年6月16日浮油前沿会突然向西撤退。如果监控设备能设置到位，及时监测到运输屏障的话，清污船队就能及时赶到现场进行清污工作。

近年来，在洋流研究之外的领域，运输屏障概念的应用也如雨后春笋般涌现。例如，弗吉尼亚理工学院的肖恩·罗斯（Shane Ross）已经研究了大气中的运输屏障对通过空气传播的病原体的影响。他和同校的植物学家戴维·施马勒（David Schmale）使用一种小型无人飞机，在美国布莱克斯堡上空数十米到数百米的高度收集空气样品。研究人员发现，当一个吸附性相干结构或者两个排斥性相干结构相继经过时，一种叫作镰刀菌（Fusarium）的真菌的孢子数量会激增。罗斯推断，在第一种情况中，孢子被拉向了吸附性相干结构；而在第二种情况中，孢子被困在两个排斥性相干结构之间，好像牲畜被电棒赶到了一个很小的区域里。其中一些孢子在弗吉尼亚州并不常见，这表明该结构能在足够长的时间里保持稳定，将孢子从数百千米外运载过来。

沙登现在正在研究拉格朗日相干结构在血液流动中的作用。例如，他已经用拉格朗日相干结构揭示了心脏两次跳动之间，血液输送时形成的屏障。他指出，在一个正常心室中，大部分血液不会久留，最多在两次心跳后就会离开心室。但是，在 6 个心脏肿大的病人心脏中，一些血液会长时间在心室里循环，而不离开心室。他在研究论文的草稿中写道：“业界广泛认为，这是一个增加血栓形成风险的因素。”

尽管 2001 年就已得名，拉格朗日相干结构仍然算不上海洋与大气科学中的主流研究工具。一个关于其用处的质疑是，如果在流体运动的测量中存在误差，那么这些测量误差将会在人们预测运输屏障时产生误差。但蒙特利湾的实验结果表明，测量误差对预测运输屏障的位置影响并不大。

另一个质疑是，计算相干结构需要知道整个流场的情况，即每个点的流速，如海水的水流速度。但是，如果知道了每个点的水流速度，你就能够用现有的计算机模型预报水面浮油的去向。那么计算拉格朗日相干结构还有什么意义呢？

其实，除了预报（forecast）我们还可以进行后报（hindcast，即后向预报）。后报也许能帮我们找到被冲上岸的“神秘漏油”的来源（它们经常来自沉船）。例如，大约从 1991 年开始，1953 年在旧金山附近沉没的油轮“雅各布·卢肯巴齐”号（SS Jacob Luckenbach）每年都会污染加利福尼亚海岸，但直到 2002 年，人们才发现油污的来源。空难和海难还造成了“碎片泄漏”（debris spills）和“尸体泄漏”（body spills）。因为传统的海洋模型不能在时间上逆推，救援人员无法通过观测到的零星残骸碎片来反推事故的发生地。然而，麻省理工学院的海洋学家 C.J. 比格－克拉斯（C. J. Beegle-Krause）和数学家托马斯·皮考克（Thomas Peacock）正在使用拉格朗日相干结构来预测海难幸存者将会在洋流中漂向哪里，这将有助于缩小搜救区域。正如皮考克所指出的，在那样的情况下，“即使几分钟都可能决定幸存者的生死”。

最后，拉格朗日相干结构提供的不仅仅是预报或后向预报，它为我们提供了更多对大自然的认识。了解该结构能够使科学家更好地解释计算机模型的预报。如果一个模型预报一条线状的漏油将移向美国佛罗里达州最西北端的彭沙科拉，并且我们能够看到一个相干结构将它推向或者拉向那个方向，我们就能更有理由相信这个预报的准确性。如果没有相应的相干结构出现，我们可能对这个模型的预报持有更多的怀疑态度。

现在，数学家正在研究湍流中不同类型的有序结构，比如涡旋（eddies）与射流（jets）。随着对这些结构更深入的理解，我们也许能够回答那些还不甚明了的有关混沌现象的问题。

新数学发现新粒子？[⊖]

为了寻找粒子加速器中出现的新粒子和新现象，
科学家正在发展新的数学工具。

马修·冯希佩尔（Matthew von Hippel）
张勇　译

大型强子对撞机（LHC）是人类有史以来建造的最强大的机器。它汇集了100多个国家的资源，可以将质子加速到光速的99.999999%。质子对撞时会分裂成组成它们的基本粒子（包括夸克和将夸克黏合在一起的胶子），并产生新的粒子。正是通过这样的过程，大型强子对撞机在2012年首次探测到了希格斯玻色子。在粒子物理学标准模型预言的粒子中，希格斯粒子曾是缺失的最后一个。现在，物理学家希望大型强子对撞机能找到一些真正全新的东西：现有理论中没有的粒子——比如能解释暗

⊖ 本文写作于2019年。

物质之谜的粒子，或者为其他挥之不去的问题提供解决方案的粒子。要取得这样的发现，科学家每年必须处理对撞机产生的 30 PB（$1PB=2^{30}MB$）数据，来识别结果中与标准模型不完全相符的微小偏差。

当然，如果我们不知道标准模型到底预测了什么，那么所有努力都毫无用处。这就是我的研究领域。关于 LHC，我们的问题都是以概率的形式出现的。两个质子相互弹射的可能性有多大？我们每隔多久能产生一个希格斯玻色子？科学家用“散射振幅”来计算这些概率，这些公式告诉我们粒子以特定的方式互相“散射”（基本上就是弹射）的可能性有多大。包括我在内的一群物理学家和数学家正致力于加快这些计算，并找到比科学先辈传下来的烦琐方法更好的技巧。我们称自己为“振幅学家”。

振幅学家认为，我们这个领域的源头可以追溯到两位物理学家——斯蒂芬·帕克（Stephen Parke）和托马什·泰勒（Tomasz Taylor）的研究。1986 年，他们发现了一个描述任意数量胶子之间碰撞的简单公式，这个公式简化了原本需要逐个仔细计算的烦琐方法。但这个领域真正启动是在 20 世纪 90 年代和 21 世纪初，当时出现了一系列有望简化多种粒子物理计算的新方法。如今，振幅学正在蓬勃发展，有 160 人出席了振幅 2018（Amplitudes 2018）会议，其中 100 人参加了前一周的暑期学校，这个学校旨在为该领域的年轻研究人员做一些技术培训。在公众层面，我们也得到了一定程度的关注：物理学家尼马·阿尔卡尼－哈米德（Nima Arkani–Hamed）和雅罗斯拉夫·特尔恩卡（Jaroslav Trnka）的 Amplituhedron 理论（一种用几何语言描述某些振幅的方法）在 2013 年登上了诸多新闻媒体，在电视剧《生活大爆炸》（*The Big Bang Theory*）里，谢尔顿·库珀（Sheldon Cooper）也涉足了振幅学。

最近，我们向前迈出了一大步，超越了那些已经被我们发展为复杂技术的基本工具。我们正在进入一个新的计算领域，其能力足以跟得上大型强子对撞机不断增加的精度。有了这些新工具，我们已经准备好去检测标准模型的预测与大型强子对撞机实际数据之间的微小差异，这使得我们有望最终揭示物理学家梦寐以求的新粒子。

圈和线

为了进行我们这种计算，科学家长期使用一种名为费曼图（Feynman diagram）的方法。这种方法是物理学家理查德·费曼（Richard Feynman）在 1948 年发明的。假设我们想知道两个胶子合并形成希格斯玻色子的概率，首先要绘制代表已知粒子的线条：两个胶子进入，一个希格斯玻色子出来。然后，我们必须根据标准模型的规则在图中绘制更多的粒子线条，把这三条线连接起来。这些额外的粒子可能是“虚”的，也就是说，在我们的图中，它们不像胶子和希格斯玻色子那样是真实的粒子。相反，它们是一种简便的标记，是一种追踪不同量子场如何相互作用的方法。

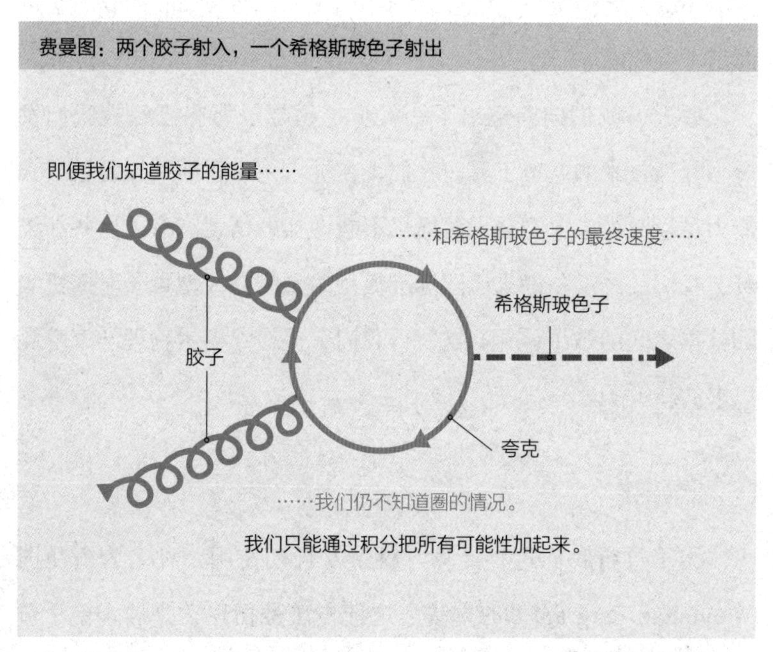
费曼图：两个胶子射入，一个希格斯玻色子射出
即便我们知道胶子的能量……
……和希格斯玻色子的最终速度……
希格斯玻色子
胶子
夸克
……我们仍不知道圈的情况。
我们只能通过积分把所有可能性加起来。

插图：Jen Christiansen

费曼图不只是漂亮的图形。它们是说明书，教我们用图中粒子的信息来计算概率。如果知道图中胶子和希格斯玻色子的速度和能量，我们可以尝试计算两者间虚粒子的属性。但有时候答案

是不确定的。用你的手指沿着粒子路径移动，可能会画出一个闭合的圈：一条路径最终回到了起点。这样的粒子不是“输入”或“输出”——我们永远检测不到它的属性。我们不知道它有多快的速度或多大的能量。虽然违反直觉，但这是量子力学不确定性原理的结果——我们无法同时测量粒子的两个特征，如速度和位置。量子力学告诉我们如何处理这种不确定性——我们必须将每种可能性加起来，使用积分把虚粒子可能具有的任何速度和能量的概率加起来。

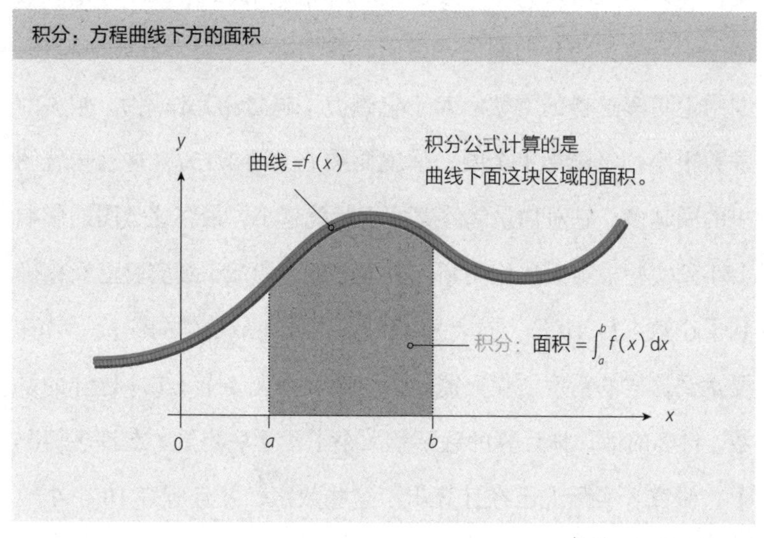

插图：Jen Christiansen

理论上，为了计算散射振幅，我们必须绘制出每一个可能连接我们粒子的图，每一个能让原材料变为成品（在这个例子里面就是将胶子对变成希格斯玻色子）的方式都要考虑进去。这是很多张图，实际上，会有无限多的图：只要我们愿意，我们可以在圈内再画上圈，无止境地重复下去，这要求我们每次都要计算越来越复杂的积分。

在实际应用中，由于大多数量子作用的强度较低，我们得救了。当费曼图中的一组线连接起来时，表示不同类型的粒子之间发生了相互作用。让粒子相互作用的是某种力，每当这种情况发生，我们都必须乘上一个与这种力的强度相关的常数。如果想绘制一个有更多闭合的圈的费曼图，我们必须把更多的线连起来，并乘上更多这样的常数。对于电磁力（电磁相互作用），相关的常数很小：每添加 1 个圈，你就要乘上大约 1/137。这意味着图里的圈越多，它对你最终答案的贡献就越小，最终这类图的影响会小到实验根本无法检测到。关于电磁力的最精细实验已经精确到了小数点后 10 位，这是所有科学领域中最精确的测量。计算要达到这样的精度“仅”需要四个圈，乘上 4 个 1/137 这样的系数，再多的话，你计算的数字就太小了，无法测量。在许多情况下，研究者实际上已经计算出了这些数字，并且所有 10 个小数位都与实验一致。

圈里面套着圈

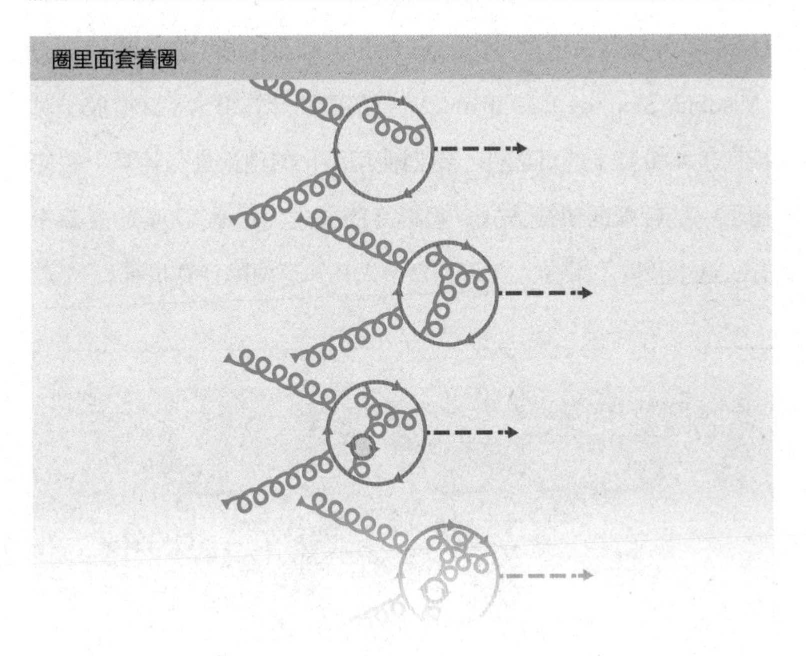

插图：Jen Christiansen

强核力（强相互作用）是一头更棘手的野兽。它是将质子和中子以及它们内部的夸克黏合在一起的力。它比电磁力强得多：对于 LHC 中的计算，每个圈意味着乘以 1/10 而不是 1/137。精度达到小数点后 10 位意味着要绘制 10 个圈。

LHC 没有那些电磁力实验那么精确。目前，它的测量精度刚刚开始与两圈计算的精度相匹配。但只考虑两个圈的计算已经够复杂了。例如，物理学家维托里奥·德尔杜卡（Vittorio Del Duca）、克劳德·迪尔（Claude Duhr）和弗拉基米尔·米尔诺夫（Vladimir Smirnov）在 2010 年进行的两圈计算得出了 2 个胶子对撞产生 4 个胶子的可能性。他们使用简化的理论进行计算，并使用了一些特殊的快捷方式，但最终的公式仍然是 17 页的复杂积分。这个长度不太令人惊讶，每个人都知道两圈计算很难。

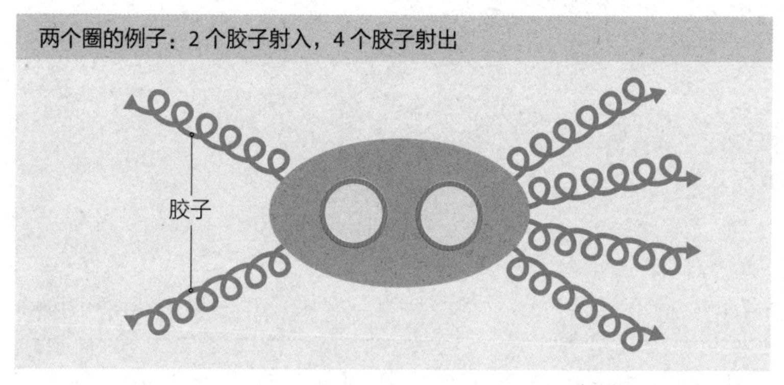

插图：Jen Christiansen

但在几个月后，另一个团队成功用两行公式写出了相同的结果。该团队是由三位物理学家马库斯·斯普拉德林（Marcus Spradlin）、克里斯蒂安·韦尔古（Cristian Vergu）、阿纳斯塔西娅·沃洛维奇（Anastasia Volovich ），以及一位数学家亚历山大·B. 贡恰罗夫（Alexander B. Goncharov）组成的，他们使用的技巧非常强大，让大多数振幅学家接触到了以前从未见过的数学领域。这些年来，正是这个领域为我的科研事业提供了动力。

周期和对数函数

如果把费曼图中得到的某个积分拿给贡恰罗夫这样的数学家看，我们听到的第一句话会是：那是一个周期。

周期是一种数字。你可能熟悉自然数（1，2，3，4，…）和有理数（分数）。2 的平方根不是有理数——你不能用两个自然数相除得到它。然而，它是代数的（algebraic）：你可以写出一个代数方程，比如 $x^2 = 2$，方程的解是 2 的平方根。周期是个更进一步的概念，或许你不能从代数方程中得出它们，但你总能从积分中得到它们。

为什么称它们为周期？在最简单的情况下，这就是它们的字面意思：事物重复出现前经过的距离。回想高中时代，你可能还记得当时努力学习的正弦函数和余弦函数。你或许还记得，用虚数可以将它们连在一起组成欧拉公式：$e^{ix} = \cos x + i\sin x$（这里 e 是自然常数，i 是 –1 的平方根）。这里面的三个函数，$\sin x$、$\cos x$ 和 e^{ix} 的周期都是 2π：如果让 x 从 0 变为 2π，则函数重复，再次得到相同的函数值。

2π 是一个周期，因为它是 e^{ix} 重复前经过的距离，但你也可以将其视为一个积分。在复平面（一个轴代表实数，另一个轴代表虚数）中绘制 e^{ix} 的图像，会出现一个圆。如果想测量这个圆的周长，你可以用一个积分来完成，也就是转上一圈，将圆周的每一截片段加起来。这样，你会发现周长就是 2π。

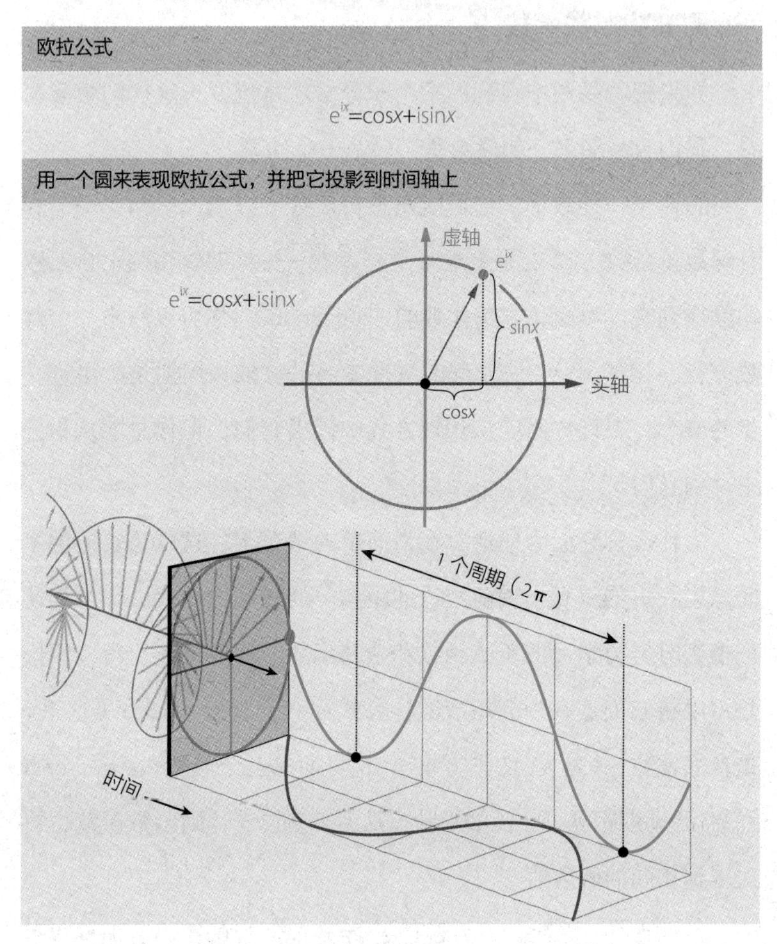

如果你没有转上一整圈，只转到某个点 z 会发生什么？在这种情况下，你必须求解方程 $z = e^{ix}$。再次回想高中时代，你可能还记得要解决这个问题需要什么：自然对数 $\ln z$。对数可能看起来不像 2π 那样的“周期”，但因为你可以从积分中得到它们，所以数学家也称它们为周期。除 2π 外，对数是最简单的周期。

当然，数学家和物理学家关心的周期可能比这种情况复杂得多。在 20 世纪 90 年代中期，物理学家开始对费曼图中得到的积分所相应的周期进行分类，发现了令人眼花缭乱的奇异数字。值得注意的是，刚才那个高中数学的例子仍然很有用。当被视为周期时，这些奇特的数字有很多都可以分解为对数。理解了对数，你就几乎可以理解其他一切。

这就是贡恰罗夫教给斯普拉德林、韦尔古和沃洛维奇的秘诀。他向这三位物理学家展示了如何处理德尔杜卡、迪尔和米尔诺夫 17 页的杂乱结果，并把它简化成一种对数的“字母表”。根据对数间的相互关系，该字母表有一套自己的“语法”。通过运用这种语法，物理学家能够用几个特殊的“字母”重写结果，使得杂乱的粒子物理计算看起来简单很多。

总结一下，物理学家使用费曼图来计算散射振幅时，需要做积分。那些积分都是周期，有时是相当复杂的周期，但我们通常可以用贡恰罗夫的技巧将这些复杂的周期分解成更简单的周期（对数）。这个技巧让振幅学界兴奋不已。我们可以将自己使用的许多积分分解成性质类似于对数的字母表。适用于对数的基本规则，如 $\ln(xy) = \ln x + \ln y$ 和 $\ln x^n = n\ln x$ 等，也适用于这些字母表。

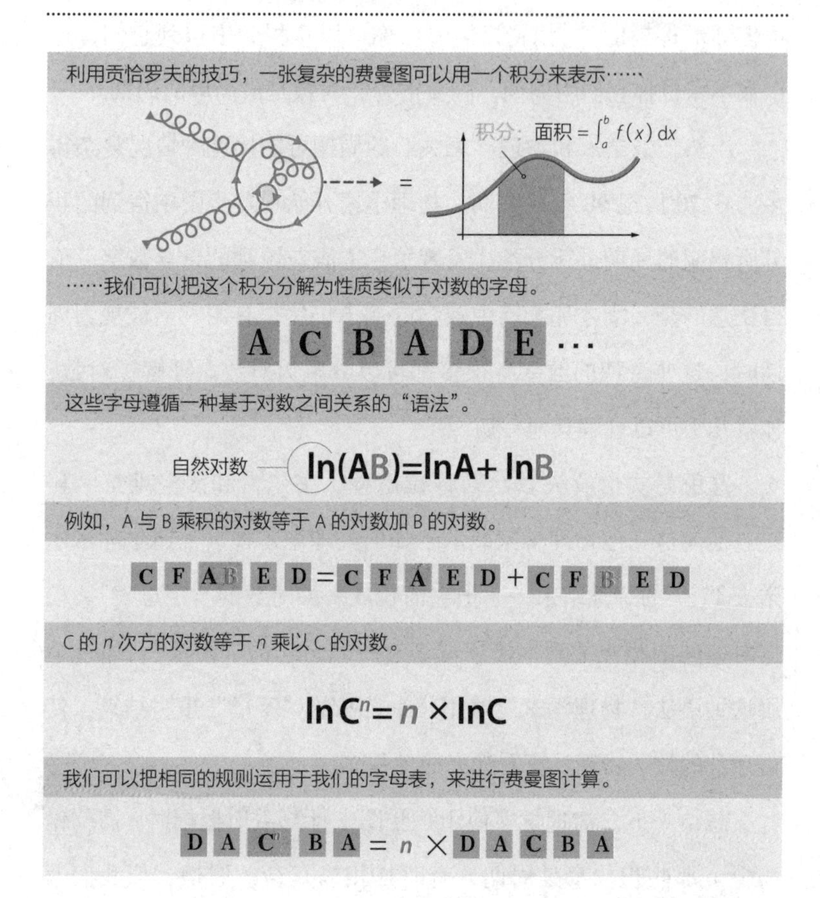

利用贡恰罗夫的技巧，一张复杂的费曼图可以用一个积分来表示……
积分：面积 = $\int_a^b f(x)\,dx$
……我们可以把这个积分分解为性质类似于对数的字母。
A C B A D E …
这些字母遵循一种基于对数之间关系的“语法”。
自然对数
ln(AB)=lnA+ lnB
例如，A 与 B 乘积的对数等于 A 的对数加 B 的对数。
C F AB E D = C F A E D + C F B E D
C 的 n 次方的对数等于 n 乘以 C 的对数。
ln Cⁿ= n × lnC
我们可以把相同的规则运用于我们的字母表，来进行费曼图计算。
D A Cⁿ B A = n × D A C B A

插图：Jen Christiansen

填字游戏

如果贡恰罗夫的字母表技巧只是能给期刊节省点空间，它不会那么令人印象深刻。一旦我们知道了正确的字母表，我们也可以进行新的计算——那些不用这种方法根本不可能实现的计算。实际上，通过了解字母表，我们可以跳过费曼图，直接猜出答案。

想想报纸中经常出现的填字游戏。游戏会告诉你需要哪些字母，要组成的词有多长。如果你懒得思考，可以用计算机按照每个可能的顺序排列字母，然后浏览列表。最终你会发现一个意思合适的词，从而得到答案。

但是，这个候选答案的列表可能很长。幸运的是，在物理学中，我们一开始就获得了提示。我们从对数组成的字母表开始，这些对数描述了我们的粒子可能具有的属性（例如它们的能量和速度）。然后，我们开始用这个字母表拼写单词，写出的单词就表示可能出现在最终答案中的积分。某些词没有物理意义，它们描述的是实际上不存在的粒子或无法绘制的费曼图。其他候选者要能解释我们已经知道的事情，即当粒子变得非常慢或非常快时会发生什么。我们可以将数百万个词删减到数千个，然后是数十个，最后得到一个独一无二的答案。从猜测开始，我们最终得到了唯一一个能合理表示散射振幅的词。

2011 年，兰斯 · J. 迪克逊（Lance J. Dixon）、詹姆斯 · M. 德拉蒙德（James M. Drummond）和约翰尼斯 · 亨（Johannes Henn）

使用这种技术为一个三圈计算找到了合适的“单词”。我在 2013 年加入了这个团队，当时我从长岛的研究生院溜出来，整个冬天都在斯坦福大学的 SLAC 国家加速器实验室为迪克逊工作。与当时也是研究生的杰弗里·彭宁顿（Jeffrey Pennington）一起，我们将结果变成了一种可以与德尔杜卡、迪尔和米尔诺夫的旧两圈计算进行比较的形式。我们得到的公式不是 17 页了，而是变成了 800 页，而整个计算过程一张费曼图都不用画。

从那时起，我们在计算中加入了更多的圈，我们的团队也在不断扩大。我们正在处理 7 个圈的费曼图，我不知道新公式需要写多少页。当计算如此复杂时，贡恰罗夫的技巧也不足以简化结果了。在这种情况下，它让计算有可能实现就很让人高兴了！我们现在将结果存储在计算机文件中，大到足以让你认为它们是视频文件，而不是文本。

椭圆积分

还记得吗？散射振幅计算中包含的圈越多，预测的精度就越高。7 个圈的结果可能比 LHC 可测量的、大约 2 圈左右的结果更精确，也可能比量子电磁学中的 4 圈计算结果更精确。我说“可能”，是因为有一个问题：我们的 7 圈计算使用的是“玩具模型”——比描述真实世界粒子相互作用的理论要简单一些。要升级我们的计算使其可以描述真实世界是很困难的，并且存在许多挑战。首先，我们需要了解名为椭圆积分的一些概念。

我们使用的玩具模型表现很好。它的一个出色特点是，对于我们所做的那种计算，贡恰罗夫的方法始终有效：我们总是可以将积分分解为对数字母表，分解成圆环上的积分。在真实世界中，这种策略在两圈计算中遇到了问题：两个积分会纠缠在一起而不能分开。

想想两个勾在一起、无法分开的圆环。如果你让一个环绕另一个环移动，你将绘制出甜甜圈的形状，也就是一个环面（torus）。环面有两个“周期”，也就是说，在环面上画一条闭合线有两种不同的方式，对应两个不同的环。围绕其中一个环做积分，你会得到一个对数。然而在环面上画一个圈，你不是总能得到一个圆——相反，你可能得到一个椭圆。我们将这种积分称为环面椭圆积分。

要理解椭圆曲线，就会涉及一些著名的复杂数学问题。其中一些问题很难解决，像美国国家安全局这样的组织都在利用它们编码机密信息，这样做的前提就是没有人能够快速解决它们从而破解密码。我们感兴趣的问题并没有那么棘手，但它们仍很麻烦。然而，随着 LHC 精度的提高，椭圆积分变得越来越重要，这促使全世界的科研团队去努力解决新的数学问题。LHC 在 2018 年底关闭以进行升级，但科学家手上仍有大量数据需要进行处理；它将在 2021 年再次启动[㊀]，届时将产生比以前多 10 倍的粒

㊀ 实际于 2022 年 4 月再次启动。——编者注

子对撞事件。

有时，这个领域的进展速度快得让我喘不上气。去年冬天，我与几个合作者一起待在普林斯顿大学。在两周之内，我们完成了从草拟的提纲到完整论文的过程，计算出了涉及椭圆积分的散射振幅。这是我写得最快的一篇论文，在整个过程中我们一直担心会被其他团队赶超，担心其他人会先计算出来。最终，我们没有被人抢先。但不久之后，我们收到了一份提前的圣诞礼物——迪尔、杜拉特与合作者的两篇论文。他们给出了一个处理这些积分的更好方法。他们的那些论文，以及后来他们与布伦达·佩南特（Brenda Penante）合作发表的文章，提供了我们所需要的缺失部分：一个带有“椭圆字母”的新字母表。

有了这样的字母表，我们就可以把贡恰罗夫的技巧用于更复杂的积分，并尝试在真实世界中理解双圈振幅，而不仅是在玩具模型中。如果我们可以在真实世界中进行双圈计算，如果我们能够计算出更高精度的标准模型预测结果，我们就可以看到 LHC 的数据是否与这些预测相符。如果两者并不符合，就意味着出现了一些现有理论无法解释的、真正的新现象。这些数据有望帮助我们把粒子物理学推进到下一个前沿，解开那些看似无法破解的持久谜题。

第4章 数学与人类文化

几何学与选区的不公正划分[⊖]

数学家通过统计取证来验证选区划分的公正性。

穆恩·达钦（Moon Duchin）
黄小佩　译

最近，美国全国范围内的法律事件和头条新闻中都出现了不公正划分选区（Gerrymander）的案例。美国联邦最高法院最近审理了一些关于选区合宪性的案件，据称这些案件中的选区划分为威斯康星州的共和党和马里兰州的民主党创造了巨大优势，但法院回避了对这两个地区的直接裁决。来自北卡罗来纳州的另一个党派分歧案件在 2018 年 8 月下级法院的强烈呼声中曲折推进。但到目前为止，还不可能出现一个可供法官判断某选区是否被不公正划分的法律标准。正如美国联邦最高法院前大法官安东

⊖ 本文写作于 2018 年。

尼·肯尼迪（Anthony Kennedy）在 2004 年的一宗案件中所指出的那样，问题的一部分在于，无论是下级法院还是上级法院，都尚未确定一个“可行的标准”来判断选区是否被不公正地划分。这就是美国各地有越来越多的数学家认为我们可以提供帮助的地方。

2016 年，我同几位朋友成立了专门工作组来研究几何与计算在重新划分美国选区中的应用。之后，我们小组将工作范围扩大到培训和咨询领域。共有 1200 多人参加了我们在全国各地举办的培训班，其中许多人积极参与了选区重新划分项目。我们认为，是时候将数学计算纳入研究了。选区不公正划分问题涉及非常丰富的数学知识——足够单独成为一个数学研究分支，而现有的数学计算能力仅仅能勉强应对重新划分问题的计算规模和复杂性。尽管我们小组的出发点是技术性的，我们的核心目标却是巩固和保护公民权利，我们正在与律师、政治学者、地理学家和社区团体密切合作，以在下一次美国人口普查需重新划分选区之前建立好实践工具和理论框架。

在一个赋予被选举者巨大权力的国家，总是会发生控制选举进程的小规模冲突事件。在众议院这样的体制中，每一个选区的获胜者都能获得该选区的全部选票，选区的划分就成为一个天然的战场。美国历史上充满了令人震惊的选区划分计划，从利用在职总统的权威拉拢选区，到以三种不同的方式划分同一个选区，再到压制黑人选民的政治权利。这些操作变换着形式，换汤不换药，在今天仍在继续，在大数据时代，它们变得更加复杂。现在比以往任何时候都更难以确定选区再分配的权力是否被滥用。人们通常认为选区的不公正划分有两个特点——奇怪的选区形状和不成比例的选举结果——但这两个特点都不足以作为选区不公正划分的判定标准。那么，我们该如何判断天平是否倾斜向不公正的一方？

肉眼判断

“Gerrymander”这个词在 1812 年被创造出来，是以当时的马萨诸塞州州长埃尔布里奇·格里（Elbridge Gerry）的名字命名的。格里是美国开国元勋——他是《独立宣言》的签署者之一、美国制宪会议的主要参与者、国会议员、美国第 5 任副总统。讽刺的是，最后却是不公正划分选区让他的名字广为人知。

“Gerrymander”，也就是格里蝾螈，是一个位于波士顿北岸的轮廓不规则地区，这个称呼含有嘲讽意味，该地区被认为有利于州长所在的民主共和党，而不利于敌对的联邦党。1813 年，《塞勒姆公报》刊登了一幅木刻政治漫画，在漫画中，翅膀、爪子和尖牙被暗示性地添加到该地区的轮廓上，以强调其爬行动物扭曲的外观。

所以，轮廓不规则的地区让人联想到不道德行为（不公正划分选区），这种想法可以追溯到很久以前；而与其相反的观点，即紧密连接的地区能促进民主理想的实现则像共和国一样古老。1787 年，麦迪逊在《联邦党人文集》中写道："民主的自然极限是距离中心点的一段距离，这段距离刚好满足最偏远公民为履行公共职能经常参加集会的需求。"换句话说，选区应该是可连通的。1901 年，一项联邦分配法案标志着美国法律首次出现了一个模糊的要求，即划分的选区应该由"紧凑的领土"组成。"紧凑"一词随后在选区划分的相关法律中广泛出现，但几乎没有确切的定义。

例如，我在 2017 年国家立法会议上了解到，在上次人口普查之后，犹他州的立法者花了值得称赞的时间和努力建立起一个网站专门用于犹他州选区的重新划分，这个网站从公民中征求重新划分选区的地图，并且地图必须是"相当紧凑的"。我抓住这个机会，想知道该州如何判断和实施这一标准，结果却发现该州只是抛出一些样子好笑的标准图。更糟糕的是，犹他州并不是个例。进行州长选举的 37 个州都有对选区形状的规定，几乎每一种情况都是依靠肉眼判断选区是否被公正地划分。

问题是，一个地区的轮廓所给出的信息是非常片面和具有误导性的。一方面，扭曲的形状背后可能有良性的原因。这样的边界可能是自然形成的，也可能是出于团结社区的目的划分的，但这些因素通常作为不公正的选区划分结果的替罪羊。另一方面，相对规则且对称的选区划分并没有具有说服力的质量证明。2018年，由宾夕法尼亚州立法机关的共和党起草的该州选区重新划分计划在该州最高法院规定的五个准则下都取得了很高的紧凑性分数。然而，数学分析表明，该计划仍与 2011 年颁布的扭曲计划一样陷入极端的党派偏见，这意味着该计划只是之前计划的替代品。因此，法官们选择了采取独立局外人计划的特殊措施。

不平衡的结果

如果形状不是不公正划分选区的可靠指标，那么对比选举结果在多大程度上与选民的投票模式相匹配是否有效呢？显然，不平衡的结果提供了不公正划分选区的初步证据。以我家乡马萨诸塞州中拥护共和政体者为例。在自 2000 年以来的 13 次联邦总统和参议院选举中，共和党候选人平均获得占全州三分之一以上的选票，这个数量是在马萨诸塞州九个选区中赢得一个席位所需选票的六倍，因为一个双向竞选的候选人需要获得该选区多数的选票就能获胜。然而，自 1994 年以来，没有一个共和党人赢得众议院席位。

这一定是一个剥夺共和党合法参政机会的不公正选区，对吧？不过，这些数字是完全客观的。让我们看看全州范围内的角逐，这样我们就可以把无争议席位和其他混杂变量放在一边。以肯尼斯·蔡斯为例，他是 2006 年的参议院竞选中泰德·肯尼迪的竞争对手，在全州范围内赢得了超过 30% 的选票。从比例上讲，你会期望蔡斯在九个国会选区中的近三个选区击败肯尼迪。但实际上并非如此。事实证明，在数学上不可能找出一个由城镇群或者地区构成的单独选区倾向于蔡斯。他的选民根本不够集中。相反，大部分选区支持蔡斯的人数都接近州平均水平，所以说支持蔡斯的选区还不够。

任何有投票权的少数群体在选票的分配上都需要具有一定程度的多样性，以为我们的分配系统提供一个理论上的证据来确保其代表性。对蔡斯 – 肯尼迪案的分析甚至没有考虑空间因素，例如以肉眼判断的标准，每个区域应该是连通的。人们可能会理所当然地想知道，在令人惊讶的众多可能的选区划分方案面前，我们如何对其公正性与合理性做出解释。

线条的力量

不公正划分选区依赖于精心绘制的线条，通过将对手政党的选民集中到少数几个人数过高的选区（“打包”），或稀释对手政党的选民，将他们分散到不同选区，使他们不能选出偏好的候选人（“拆分”），或者使用两种方案的组合。

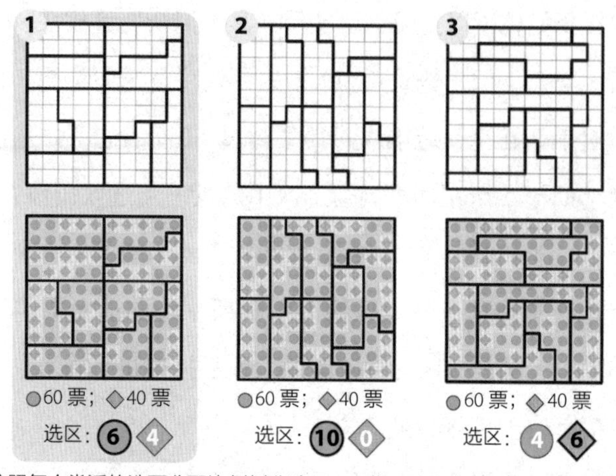

方格 1 按照每个党派的选票分配比例划分选区。同样是这个方格，经过“打包”和“拆分”之后能产生完全不同的两种选举结果，如方格 2 和方格 3——蓝色党派在方格 2 中赢得了全部的选区，在方格 3 中只赢得了 4/10 的选区。在这个极端例子中，选举结果有利于蓝色党派。我们使用马尔可夫链蒙特卡罗统计分析方法，可以发现在所有可能的划分结果中，橙色党派更倾向于赢得 2~3 个席位，而不是按照选票分配的比例计算出的 4 个席位。

希望——随机游走

评估选区划分公正性的唯一合理方法是将其与其他划分同样管辖范围的有效计划进行比较，因为你必须控制选举结果的各个方面，这些方面是由该州法律、人口和地理所决定的。问题在于，研究所有可能的划分方案是一个难以解决的大问题。

有一个简单的 4 × 4 网格，假设你想把它分成 4 个大小相等的相邻区域，每个区域有 4 个格子，那么共有多少种划分的方法呢？如果我们把网格想象成棋盘的一部分，并将邻接（contiguity）

解释为国际象棋中的车应该能够到达整个区域，那么一共有 117 种方法。如果点邻接（queen contiguity）是允许的——也就是国际象棋中后的走法——那么有 2620 种方法。然而实际方法的计算并非如此简单。正如我的同事、马萨诸塞州洛厄尔大学教授、组合列举领域的领导人物吉姆·普罗普（Jim Propp）所说："在一维空间中，你可以在沿途分割路径达到分裂和攻克的目的；但在二维空间中，突然会出现很多方法可以从 A 点到 B 点。"

问题是，最好的计数技术往往依赖递归——也就是说，使用一个类似的问题来解决现有问题，这个问题比需要解决的问题更前一步——但是二维空间计数问题没有一些额外的结构就不能很好地递归。所以要完整地列举出划分方法必须依靠蛮力。虽然一台笔记本电脑几乎可以在数秒之内对 4×4 的网格进行分区，但随着格子数量的增加，复杂性也在大幅提升，任务很快就变得难以完成。对于一个 9×9 的网格，车邻接的划分方法就超过 700 万亿种，即使是高性能的计算机也需要一周的时间来计算它们。这似乎是一种绝望的状态。我们正在试图评估划分一个州的不同方法，这些方法是不能被一一列举出来的，更不用说将它们与无穷无尽的替代方案相比较了。这种情况听起来就像在黑暗、无限的荒野中摸索。

好消息是，有一个跨科学领域的行业标准适用于这样一个艰巨的任务：马尔可夫链蒙特卡罗（MCMC）。马尔可夫链遵循随机游走，你下一步去的地方只受概率的控制，只取决于你现在的位置（在每个出发点，你掷骰子选择一个相邻的空间作为下一个目的地）。蒙特卡罗方法只是随机抽样的估计。把它们组合在一起，你就会得到一个强大的工具来搜索巨大的可能性空间。MCMC 已被成功地用于解码监狱信息，探测物质属性和分阶段液体的变化，得出困难计算问题的相当接近的估计值，等等。著名统计学家佩西・迪亚科尼斯（Persi Diaconis）在 2009 年的一项调查中估计，MCMC 在科学、工程和商业领域的统计工作中占据了 10%~ 15% 的应用份额，而且这一比例逐年上升。虽然选区重新分配问题中的计算分析可以追溯到几十年前，但在这一过程中对 MCMC 应用的尝试直到 2014 年左右才开始公开出现。

想象一下，"网格州"的官员雇用你来决定他们州法律中的选区划分计划是否合理。如果将该州看作一个 4 × 4 的网格，它的法律要求选区是国际象棋中的车能够连续移动的区域，那么你会很幸运地发现一共有 117 种方法来制订一个合规的计划，你可以挨个对每一种方法进行检验。你可以通过使用 117 个节点来表示有效的计划，并在节点之间添加边线来表示简单的移动，即网格中的两个方格之间交换它们的选区分配，从而建立一个完全合规的选区划分计划的网格模型。图中的边线可以提供给我们判断两个不同计划之间的相似程度的办法，即简单地计算将一个计划转化为另一个计划所需的交换次数。（我把这个图形结构称为

“元图”，因为这是一张切割另一个图的方法图。）现在假设州立法机关是由钻石党控制的，其竞争对手怀疑钻石党操纵了有利于自己的席位。为了确定这是否属实，我们可以参考选举数据。如果将钻石党此次的计划用于上一次选举中，该党能够获得的席位比 117 个选区划分方案中的至少 114 个方案能够创造的席位还要多，并且用于前几次选举也是如此，那么该计划显然是一个统计上的异常值。这是一个有说服力的证据用以判定党派对选区的不公正划分——你不需要用 MCMC 来进行这样的分析。

当你有一个更大的问题来代替这个迷你问题时，MCMC 方法就会启动。一旦超过 100 个节点，就会有类似的元图，但其令人望而生畏的复杂性阻碍了建模的成功。不过，这并不是什么不可能完成的任务。对于每一个单独的选区划分计划，我们仍然可以很容易通过模拟所有可能的轨迹来建立起一个当地的社群。现在你可以用这种方法前进一百万、十亿或万亿步，看看你发现了什么。这背后的数学（准确地说，是遍历理论）保证，如果你随机游走足够长的时间，将你收集的地图集合起来就能代表整个体系，这通常在你经过该空间中的一小部分节点之前就能发生。这可以让你判断某一党派的划分标准是否是一个异常值。

科学的前沿是建立更强大的算法，同时设计出新的原理来保证我们的抽样足够得出有力的结论。这一方法正成为大家的科学共识，同时许多不同的研究方向也正在出现。

如何比较无数的选区划分计划

马尔可夫链是点在一个图或网络中随机游走形成的轨迹，下一个位置是由概率决定的，就像骰子的滚动一样，下一个位置只取决于当前所在的位置。蒙特卡罗方法是使用随机抽样来估计概率分布的方法。两者结合形成的马尔可夫链蒙特卡罗（MCMC）是一个强大的工具，能够用于一个巨大空间中的检索和抽样，例如模拟一个州中所有可能的选区划分计划。使用计算分析来判断不公正选区划分可以追溯到几十年前，但将 MCMC 应用于这个问题是最近的事情。

网格大小；区域数量	区域大小相等	区域大小可以不相等 (+/−1)
2×2；2	2	6
3×3；3	10	58
4×4；2	70	206
4×4；4	117	1953
4×4；8	36	34524
5×5；5	4006	193152
6×6；2	80518	? *
6×6；3	264500	?
6×6；4	442791	?
6×6；6	451206	?
6×6；9	128939	?
6×6；12	80092	?
6×6；18	6728	?
7×7；7	158753814	?
8×8；8	187497290034	?
9×9；9	706152947468301	?

* 要列举出这些划分方法可能需要一周或更长时间的计算。想了解更多关于寻找这些数字的信息，请访问 www.mggg.org。

一个简单的例子

我们可以很容易地列举出将一个小网格划分为相等大小的区域的所有方法。将 2×2 的网格划分成 2 个大小相等的区域，只有 2 种方法。但如果区域大小可以不相等（+/−1），划分方法的数量就会变为 6 种。

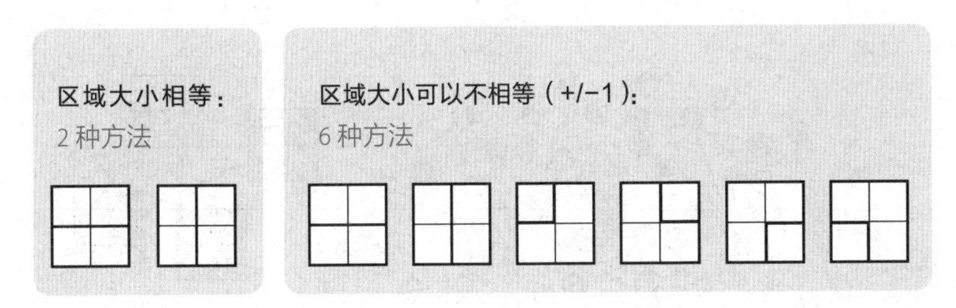

一个更复杂的例子

随着网格大小的增长，分割网格的可能性急剧增加。将一个 4×4 的网格划分为四个相同大小的区域，有 117 种方法。如果允许这些区域的大小与平均值相差一个单位，那么就有 1953 种解决方案。用不了多久，最强大的计算机要列举出更复杂网格的所有可能划分都会十分费力。在这种情况下，试图通过比较所有选区划分方式来发现不公正划分选区的行为变得十分困难。但 MCMC 可以有所帮助。

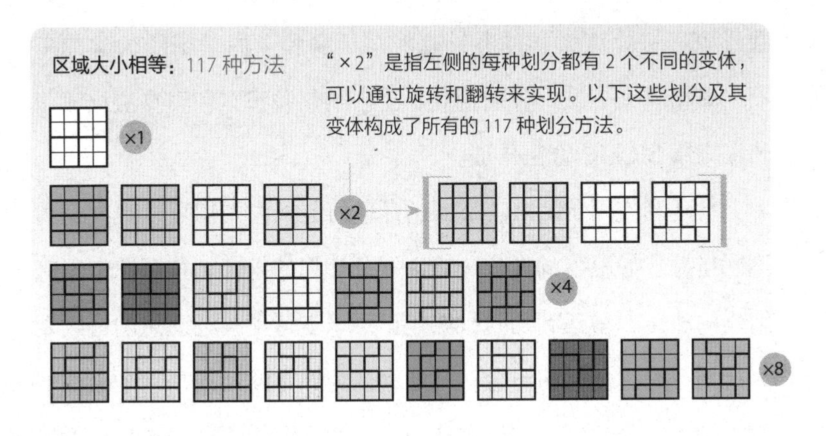

区域大小相等：117 种方法
“×2”是指左侧的每种划分都有 2 个不同的变体，可以通过旋转和翻转来实现。以下这些划分及其变体构成了所有的 117 种划分方法。
×1
×2
×4
×8

我们可以通过在元图周围的随机游走来有效地探索所有有效的选区划分计划。在高亮的选区部分中，每个选区划分模式中都有标记为 a 和 b 的正方形，它们互相交换区域以得到所示模式的划分。网络中的边线表示这些简单的交换移动。元图模拟了所有有效的选区划分计划，可以用来作为数十亿个选区划分计划的标本。几何学者们正试图了解这个代表所有选区划分计划的元图的形状和结构。

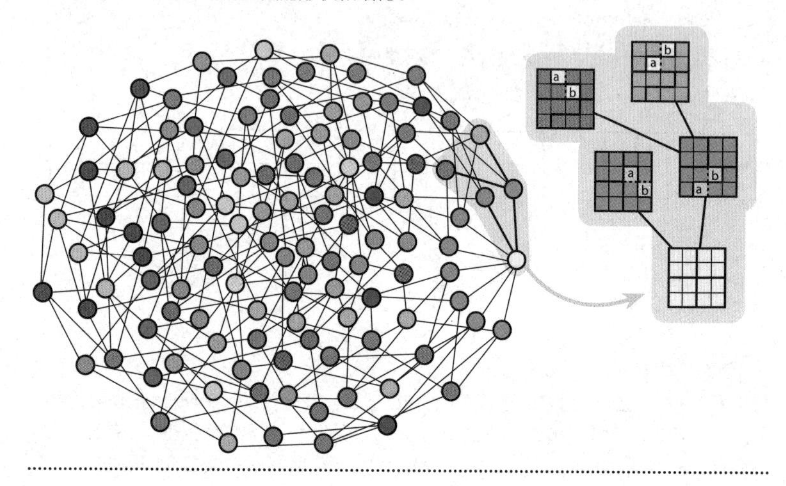

到目前为止，法院似乎对这种检验方法持欢迎态度。两位数学家——杜克大学的乔纳森·马廷利和卡内基梅隆大学的韦斯·佩格登——最近分别就北卡罗来纳州联邦案和宾夕法尼亚州州级案用 MCMC 方法作证。

马廷利使用 MCMC 来描述合理的范围内人们可以观察到的不同指标，如赢得的席位、选区划分计划的组合。按照北卡罗来纳州的法律，马廷利的随机游走可用于支持更接近理想的选区划分计划。利用自己的组合，马廷利认为颁布的计划是一个极端的党派操作的异常值。佩格登使用了一种不同的测试方法，他诉诸于一个严格的定理，该定理量化了一个中立的计划比随机游走所模拟的其他计划得分要差得多的可能性。他的方法产生的 p 值说明了由偶然选择而出现这样异常偏差的概率有多小。法官认为这两个论点都是可信的，并对他们各自的决策予以赞同。

就我而言，宾夕法尼亚州州长汤姆·沃尔夫（Tom Wolf）今年早些时候让我担任咨询专家，在该州最高法院决定推翻 2011 年共和党的计划后，他们争先恐后地制订新的选区划分计划。我的贡献是使用 MCMC 框架来评估提出的新计划，利用统计异常值的力量，同时增加新的选区划分原则，从紧凑分布到县镇分裂再到社区结构。我的分析与佩格登的观点一致，认为 2011 年的计划是极端的党派异常值——我发现立法机构提出的新计划也同样极端，这种极端异常值并不能由其表面的改善得到解释。

随着 2020 年人口普查的临近，美国正准备迎接另一轮疯狂的选区重新划分，随之相关的诉讼案件也会发生。我希望接下来的步骤不仅会在法庭上，而且会在改革措施中发挥作用，这就要求在任何计划签署成为法律之前，都先对使用开源工具制作的大量地图进行审查。通过这种方式，立法机构保留其历来所有的委托和批准选区边界的特权，但他们必须保证自己不会在规模上过于大手大脚。

计算永远不会为我们做出艰难的选区划分决策，也不能产生一个最公平的计划。但它可以验证一个计划是否符合规定。只有这样才能遏制严重的权力滥用现象，并恢复公民对该选举体系的信任。

用数学破解密码[一]

密码设置和破解的科学不断发展，密码使用者和滥用者之间的斗争也在持续升级。

让－保罗 · 德拉海（Jean-Paul Delahaye）
季　策　译

我们时常会在尝试设置密码时因密码强度太弱被系统拒绝而感到沮丧。我们也被告知需要经常更换密码。显然这些措施可以提高安全性，但是到底如何提高呢？

我将解释这些标准建议背后的数学逻辑，包括说明为什么六个字符不足以作为一个好的密码，以及为什么你不应该只用小写字母。我也会解释黑客如何发现密码，即使他们窃取的数据集里面并没有密码。

[一] 本文写作于 2019 年。

z ǐ Xì@xU ǎ nzé* ！（仔细选择）

下面是选择防黑客攻击的逻辑。当你被要求设置一个特定长度和特定元素组合的密码时，你的选择将落在一个包含了所有满足设置规则的密码选项的王国——也就是所有可能选项构成的空间内。比如，如果你被要求使用 6 个小写英文字母——比如 afzjxd，auntie，secret，wwwwww——这个空间将包含 26^6，也就是 308915776 种可能性。换句话说，第 1 个字母有 26 种选取方法，第 2 个、第 3 个……第 6 个字母都各有 26 种选取方法，每个字母的选择都是独立的：你不必使用不同的字母。所以整个密码空间的大小就是每一位密码的所有可能性的乘积。

如果你被告知要选择一个 12 个字符的密码，它可以包括大小写字母，10 个数字和 10 个符号（比如：!@# ￥%^&？/+），在密码的每个字符位上都有 72 种可能性。于是可能性空间的大小是 72^{12}，即 19408409961765342806016。

这大约是第一个密码空间大小的 62 万亿倍。一台计算机若想跑遍你的密码所有的可能性要多花 62 万亿倍的时间。如果你的计算机能用一秒钟验证完整个 6 位的密码空间的密码，它将耗费两百多万年检验完一个 12 位的密码空间的密码。可能性的巨大倍数差距让黑客攻击 6 位密码时如鱼得水的方法在面对 12 位密码时变得不切实际。

使用计算机计算密码空间的大小通常涉及所有可能性的个数对应的二进制数的位数，它是由以下式子求出的：$1+[\log_2 N]$。其中 N 表示密码空间的大小（如 26^6），$\log_2 N$ 的值是一个有很多小数数位的实数（如 $\log_2 26^6=28.202638\cdots$），而 [] （即“取整”）要求我们省略掉对数值的小数部分，四舍五入只保留整数部分（如 28）。对上面的 6 个小写字母密码的情形，计算得到的结果是 29 位（比特）。而 12 个字符的密码则更复杂，它有 75 位。（数学家称可能性空间分别有 29 位和 75 位的信息熵。）法国国家网络安全局（ANSSI）建议对于要求绝对安全的加密系统的密码和密钥来说，密码空间至少要有 100 位。加密涉及一种表示数据的方式，确保收件人除非拥有破解密钥，否则无法检索数据。实际上 ANSSI 建议使用 128 位的密码空间以保证数据的安全性。它认为 64 位非常小（强度非常弱）；65~80 位比较小；81~100 位中等大小（中等强度）。

摩尔定律（以一定价格可获取的计算机运算能力大约每两年翻一番）解释了为什么一个比较弱的密码不足以长期使用：计算机暴力破解密码的能力在与时俱进。即使摩尔定律的进程似乎放缓了，将计算机的进步纳入选择密码时的考量也是明智的，这可以帮你保证更长时间内的安全。

对一个如 ANSSI 定义的真正强的密码，你可能需要比如 16 个字符的长密码，每个字符位都有 200 个字符的选择。它会产生一个 123 位的密码空间，但也会让密码变得很难记忆。于是，系统设计者通常不会那么严格要求，也会接受低强度或中等强度的密码。他们只会在密码是系统自动生成且用户不需要记忆的时候坚持使用长密码。

也有其他防止密码被破解的方法。最简单的方法是信用卡所使用的：如果输入密码 3 次尝试失败，账户将被冻结。人们也提出了一些其他方案，比如每次错误输入密码将使得下次尝试前的等待时间加倍，但允许系统在较长时间（如 24 小时）后重置。但是这些方法在很多情况下是无效的，比如当黑客可以在不被发现的情况下获取系统权限，或者系统无法被配置成可以中断或禁止失败尝试时。

搜索全部密码需要多长时间？

对于一个很难破解的密码，需要从一个很大的可能性集合或“空间”中随机选取字符。密码空间的大小 T，取决于每一位密码上允许使用的字符个数 A 以及密码的长度 N，密码空间的大小（$T=A^N$）会非常显著地变化。

下面的每个例子都给出了 A，N，T 的值以及黑客为了尝试每一种可能的字符排列要花的时间 D。X 表示在多少年后整个空间才可以在一小时内被那时的计算机遍历完，如果摩尔定律（计算能力每两年翻一番）成立的话。同时我假设在 2019 年，一台计算机每秒可以运算十亿次。我把这些假设表示为下面的三种关系，同时考虑五种可能的 A 和 N 的值：

关系

$T=A^N$

$D=T/(10^9\times3600)$

$X=2\log_2[T/(10^9\times3600)]$

结果

如果 A=26，N=6，那么 T=308915776，D=0.0000858 计算小时，X=0。当前的计算机已经可以在一小时以内破解所有密码。

如果 A=26，N=12，那么 $T=9.5\times10^{16}$，D=26508 计算小时，X=29。需要 29 年后的计算机才可以在一小时内破解所有密码。

如果 A=100，N=10，那么 $T=10^{20}$，D=27777777 计算小时，X=49。需要 49 年后的计算机才可以在一小时内破解所有密码。

如果 A=100，N=15，那么 $T=10^{30}$，$D=2.7\times10^{17}$ 计算小时，X=115。需要 115 年后的计算机才可以在一小时内破解所有密码。

如果 A=200，N=20，那么 $T=1.05\times10^{46}$，$D=2.7\times10^{33}$ 计算小时，X=222。需要 222 年后的计算机才可以在一小时内破解所有密码。

作为武器的字典和其他黑客技巧

攻击者通常会成功地从系统中获取加密的密码或密码“指纹”（我将在后面详细介绍）。如果系统未检测到黑客入侵，则闯入者可能有几天甚至几周的时间来尝试获取真正的密码。

为了理解这些情形中利用的复杂流程，我们需要再次回到密码的可能性空间。当我在更早的时候提到密码空间或者位（信息熵）的大小时，我其实隐藏了一个假设，那就是用户总会随机地选取密码。但这个选择当然并不是随机的：人们倾向于选取自己可以记住的密码（比如 locomotive，火车头）而不是随机的一串字符（比如 xdichqewax）。

这样的实践给我们带来了严峻的安全问题，因为这会让密码面对所谓的字典攻击时变得脆弱。常用密码清单会按照被使用的频率加以收集和分类。攻击者会尝试系统性地遍历这些常用密码清单以破解密码。这个方法非常管用，因为在缺乏明确的约束时，人们天然地会选择简单的单词、姓氏、名字和短句，这非常显著地限制了密码选区的可能性。换句话说，非随机选取的密码本质上减少了密码空间的大小，相应地降低了破解密码所需要进行的平均尝试次数。

下面是其中一个密码字典上最长使用的 25 个密码，按使用频率排序，第一名是使用频率最高的。（这个例子是我从一个已泄露的具有五百万个密码的数据库中获取并用 SplashData 分析得到的。）

1. 123456
2. password（密码）
3. 12345678
4. qwerty（键盘左上前 6 个字母）
5. 12345
6. 123456789
7. letmein（让我登录）
8. 1234567
9. football（足球）
10. iloveyou（我爱你）
11. admin（管理员）
12. welcome（欢迎）
13. monkey（猴子）
14. login（登录）
15. abc123
16. starwars（星球大战）
17. 123123
18. dragon（龙）
19. passw0rd（密玛）

20. master（大师）

21. hello（你好）

22. freedom（自由）

23. whatever（随便）

24. qazwsx（键盘左边两列字母）

25. trustno1（谁也不要相信）

如果你使用 password 或者 iloveyou，你可并没有自以为的那么聪明！当然，这个清单会根据收集的国家和网址不同而有所区别，也会随着时间发生变化。

对四位数字的密码来说，比如手机 SIM 卡的 PIN 码（用户识别卡的个人识别密码），情况甚至更难以想象。在 2013 年，基于收集到的 340 万个四位数字密码，DataGenetics 网站报告称最常用的四位数字密码是 1234（高达总数的 11%），第二名是 1111（总数的 6%），第三名是 0000（总数的 2%）。而最不常用的四位数字密码是 8068。但需要注意的是，这个排名现在应该已经不准确了，因为这个结果已经公开发表。在数据库的 340 万个密码中，8068 仅出现 25 次，远少于假设密码平均分布的情形下它应有的 340 次。最常用的 20 个密码是：1234，1111，0000，1212，7777，1004，2000，4444，2222，6969，9999，3333，5555，6666，1122，1313，8888，4321，2001，1010。

甚至不需要密码字典，而只使用语言中不同字母（或者双字母）使用频率的差异，黑客也可以计划实施一次有效的攻击。一些攻击方法也会考虑到，人们为了方便记忆会选择具有特定结构的密码，例如 A1=B2=C3，AwX2AwX2 或者 O0o.lli（这个密码我自己使用了很长时间）；或者选取的密码仅仅是一些简单字符串的组合，例如 password123 或者 johnABC0000。利用这些规律会让黑客提高破解密码的效率。

用哈希函数夯实黑客防御

正如在前文中解释的，互联网服务器不存储用户的密码，而是存储这些密码的“指纹”：根据密码生成的一列字符。在攻击事件中，指纹的使用即使不会彻底阻止黑客利用获得的数据，也会让数据变得非常难以使用。

从密码到指纹的转换是通过加密哈希函数的算法实现的。这是经过精心开发的过程，可将数据文件 F（无论它有多长）转换为序列 $h(F)$，也就是 F 的指纹。比如哈希函数 SHA256 会将短语“Nice Weather”（好天气）转换为：

DB0436DB78280F3B45C2E09654522197D59EC98E7E64AEB967A2A19EF7C394A3（64 个十六进制字符，等价于 256 位二进制数）。

改变一个字符就会彻底改变整个数据文件的指纹。例如，我们只需要将 Nice weather 的首字母从大写改为小写（nice weather），哈希函数 SHA256 将生成另一个指纹：

02C532E7418CD1B57961A1B090DB6EC37B3C58380AC0E6877F3B6155C974647E

你可以在各种计算哈希函数的网站上自行计算并检查它们，例如 https：//passwordsgenerator.net/sha256-hash-generator 或者 www.xorbin.com/tools/sha256-hash-calculator。

良好的哈希函数所生成的指纹会相似于那些统一随机选取的密码序列才能生成的指纹。特别地，对任意可能的随机指纹结果（一串 64 个十六进制字符），我们无法在合理时间内找到生成这个指纹的原始数据文件 F。

目前我们已经有好几代哈希函数。第 0 代和第 1 代哈希函数 SHA0 和 SHA1 已经过时了，所以不被推荐使用。SHA2 代函数，包括前面提到的 SHA256，目前被认为是安全的。

给消费者的懒人包

考虑到所有情况，合理设计的网站会分析创建时所设置的密码，并且拒绝那些容易被破解的密码。这很烦人，但确实是为了你自己的利益。

对用户而言，随机地选取密码安全性更好。部分软件确实提供随机密码。但是要注意，这些密码生成软件可能有意或无意地使用简陋的伪随机数生成器，在这种情况下，它所提供的密码可能是不完善的。

你可以使用一个叫作 Pwned Passwords 的在线工具检查你的任何密码是否被黑客攻击（https：//haveibeenpwned.com/Passwords）。它的数据库包含了已经被发现遭到攻击的超过 5 亿个密码。

我尝试输入 e=mc2e=mc2，这个密码我很喜欢而且认为是安全的，但得到一个令人不安的回复：该密码此前已（在数据库中）被观测到 114 次。额外的尝试表明想要想出一个简单好记但数据库没有发现的密码是很困难的。例如，aaaaaa 在数据库中出现了 395299 次；a1b2c3d4 出现了 113550 次；abcdcba 出现了 378 次；abczyx 出现了 186 次；acegi 出现了 117 次；clinton（美国第 42 任总统比尔·克林顿的姓）出现了 18869 次；bush（美国第 43 任总统乔治·W. 布什的姓）出现了 3291 次；obama（美国第 44 任总统巴拉克·奥巴马的姓）出现了 2391 次；trump（美国第 45 任总统唐纳德·特朗普的姓）出现了 859 次。

当然你的密码仍然可能保持原创性。这个网站并没有识别出以下 6 个密码：eyahaled（我的名字反过来拼写）；bizzzzard（暴风雪 blizzard 的改写）；meaudepace 和 modeuxpass（法语中两个表示“密码”的双关语）；abcdef2019；passwaurde（password 的法语化改写）。因为我在网站上尝试了这些密码，我很好奇数据库下次更新时会不会把这些密码加进去。要是这样的话，我可不会用这些密码了。

给网站的建议

网站同样也需要遵守很多经验规则。美国国家标准技术研究所就刚刚发布了一则建议使用字典过滤用户的密码选择的通知。

在这些规则中，一个好的网络服务器设计者最需要遵守的就是：不要直接将用户名和密码清单直接存储在运行服务器的计算机上！

原因是显然的：黑客有可能会获得接入存储清单的计算机的权限，可能因为网站防护简陋，也可能因为系统或处理器包含其他开发者都不知道而只有黑客了解的严重漏洞（被称为零日漏洞，指在软件发布之前就暴露的漏洞），而黑客可以利用它。

另一个备选方案是在服务器上加密密码——使用秘密的代码，将用户的密码通过加密密钥转换为一组字符串并加以存储，这些字符串对不知道解密密钥的人是完全随机的。这个方法是有效的，但也有两个缺陷。第一个是它要求用户每次输入密码时都要将存储的字符串解密并和用户输入的密码进行比对，非常不便；第二个也是更严重的是，必要的解密比对过程要求解密密钥必须存储在服务器的计算机上，于是解密密钥有可能会暴露在攻击者的观测下，并带我们回到最初的问题——密码被破解。

一个更好的存储密码的方式就是用哈希函数产生密码的“指纹”。对文件中的任何数据——记为 F，哈希函数都会生成对应的指纹（该过程也被称为压缩或散列）。这个指纹被记为 $h(F)$，它的生成方式决定了我们无法从 $h(F)$ 得到 F。所以哈希函数被认为是单向的：从 F 得到 $h(F)$ 是容易的；从 $h(F)$ 得到 F 实际上却是不可能的。此外，哈希函数还有一个特点：即使两个输入数据 F 和 F' 有可能对应同一个指纹（这被称为哈希冲突），但实际上对于给定的 F，几乎不可能找到另一个数据 F'，使得它的指纹同 F 的完全相同。

利用这样的哈希函数，我们可以让密码安全地存储在计算机上。不同于之前存储成对的用户名 / 密码清单，服务器现在只需要存储用户名 / 指纹对清单了。

当用户希望连接时，服务器会读取用户输入的密码，计算对应的指纹并且判断是否与服务器存储的用户名和指纹一致。这样的调动会让黑客非常沮丧，因为即使他们努力获取了计算机上的用户 / 指纹对清单，他们也无法获得用户的密码，因为从指纹得到密码几乎是不可能的。他们也不能通过生成另一个具有相同指纹的密码来瞒天过海，因为构造哈希冲突同样也是不可能的。

但是，没有什么方法是万无一失的，正如铺天盖地的大型网站被攻破的新闻报道提到的那样。例如，在 2016 年，多达十亿雅虎用户的数据就被窃取了！

为了更安全，一种被称为加盐（salting）的加密方法被用来进一步阻碍黑客利用失窃的用户名 / 指纹对清单。加盐是给每个密码添加独特的随机字符串的方法。它可以确保即使两个用户使用同一个密码，它们所对应的指纹也是不同的。在服务器上存储的用户信息将由三部分构成：用户名、经过加盐后的密码所生成的指纹以及密码中加入的“盐”本身。当服务器验证用户名输入的密码时，它会先加盐，再计算加盐密码对应的指纹，同时与存储的指纹进行比较。

即使用户密码强度很低，这个方法也可以显著地增加黑客破解的难度。如果没有加盐，黑客可以计算出字典中所有的指纹，然后再对失窃数据进行字典攻击；所有黑客字典中的密码都可以被确认。而经过加盐，对每个加盐方式，黑客必须对字典中的每个密码都计算一遍加盐后的指纹。对 1000 个用户的规模而言，黑客字典攻击的计算量将会提升 1000 倍。

道高一尺，魔高一丈

不言自明的是，黑客也有他们的反击手段。不过他们面临两难的境地：他们最简单的选择是要么使用大量的计算机算力，要么使用大量的存储空间。通常情况下，这两种选择都不可行。但有一种折中的方法被称为彩虹表方法。

在互联网、超级计算机和计算机网络时代，密码设置和破解的科学在不断发展，而努力保护密码的人与决心窃取并利用密码的人之间的不懈斗争也是如此。

彩虹表助力黑客

假设你是一个希望利用失窃数据的黑客，这些数据是由用户名 / 指纹对组成的。你也很了解哈希函数。密码被包含在由12 个小写字母构成的可能性空间，对应 56 位的信息量和 26^{12}（9.54×10^{16}）个可能的密码。

至少有两个强有力的办法可供选择：

方法 1 你遍历整个密码空间，计算每个密码的指纹，并检验它们是否出现在你窃取的数据里。你不需要大量的存储空间，因为每次尝试时之前的结果都被删除，尽管你确实必须跟踪已经测试过的那些可能性。

遍历所有密码的做法将会花很长时间。如果你的计算机每秒可以验证 10 亿个密码，那你将需要花 $26^{12}/(10^9 \times 3600 \times 24)$ 天，也就是 1104 天，大概三年时间才能完成任务。这项壮举并非不可能；如果你有 1000 台计算机组成的网络的话，一天就够了。但是当你每次希望测试额外的数据都要重复一遍这个复杂流程，比如当你拿到一组新的用户名 / 指纹对数据时。这实在不可行。（因为你没有保存计算结果，你将需要再花 1104 天处理新的信息。）

方法 2 你告诉自己：“我要算出所有密码的指纹，虽然这很花时间；我还要把所有的指纹存在巨型表格中。然后我只需要在表中找到对应的密码指纹，就可以得到对应的密码了。”

你将需要（9.54×10^{16}）×（12+32）字节的存储，因为这项任务需要 12 个字节的密码和 32 个字节的指纹（如果指纹是 256 位的，比如 SHA256 函数生成的指纹）。这意味着你需要 4.2×10^{19} 字节，也就是 420 万个容量为 1T 的硬盘。

这需要的存储空间太大了，所以方法 2 并不比方法 1 更可行。方法 1 需要大量的算力，而方法 2 需要大量的存储空间。两种情形都有很大问题：要么遇到每个新密码时都需要很长时间重复一遍计算，要么完成提前计算并存储全部密码的浩大工程。

有没有什么折中的办法，只需要比方法 1 更少的算力同时也不需要方法 2 的巨大存储空间？确实是有的。1980 年，斯坦福大学的马丁 · 赫尔曼（Martin Hellman）提出了一种方法，该方法在 2003 年由洛桑瑞士联邦理工学院的菲利普 · 奥切斯利（Philippe Oechsli）进行了改进，最近由法国雷恩国家应用科学研究所（INSA Rennes）的吉尔达斯 · 阿沃因（Gildas Avoine）进一步完善。它相比方法 1 使用更少的算力，但相应只要求多一点点存储空间。

美丽的彩虹表

下面介绍这个方法。首先，我们需要利用函数 R 将密码 P 对应的指纹 $h（P）$ 转换成新的密码 $R（h（P））$。例如，我们可以假设指纹是二进制数，而 K 表示在每个密码位上允许使用的字符个数。于是函数 R 将二进制数字变成 K 数字系统。对每个指纹 $h（P）$，它给出一个新的密码 $R（h（P））$。

利用函数 R 我们可以预计算被称为彩虹表的数据表（这样命名可能是因为这个表往往被描绘成彩色）。

为了生成表中的数据点，我们从一个可能的密码 P_0 出发，计算它的指纹 $h（P_0）$，并且计算得到一个新的可能的密码 $R（h（P_0））$，我们将其记作 P_1。接下来，我们对 P_1 重复这个过程，并得到一系列新密码 P_1，P_2，……直到对应的指纹前 20 位都是 0，这个指纹被记为 $h（P_n）$。这样的指纹在大约一百万个指纹中才会出现一次，因为哈希函数的结果类似于均匀随机抽取的结果，而 2 的 20 次方约等于一百万。然后我们将得到的密码 / 指纹对 $[P_0，h（P_n）]$，也就是初始密码和屡次迭代得到的前 20 位都是 0 的指纹存储在彩虹表中。

大量的这种配对将会被计算。每个密码 / 指纹对 $[P_0, h（P_n）]$ 都代表了一系列密码 P_0，P_1，…，P_n 和它们对应的指纹。但是数据表不会保存中间计算结果。于是数据表记录了很多密码 / 指纹对，每一对都代表了很多配对（计算链中产生的中间密码，比如 P_1，P_2 等，都可以从中恢复出来）。但这个表中可能存在间隙：一些密码可能在所有计算链中都是缺失的。

对一个几乎没有间隙的彩虹表，计算得到的配对所需的存储空间将仅仅是前面提到的方法 2 需要的百万分之一，只需要大约四块 1T 容量的硬盘。而且使用彩虹表从窃取的指纹中获取密码相当可行，接下来就会看到。

让我们看看存储在硬盘中的数据是如何在几秒钟内确定给定空间中的一个密码的。假设彩虹表中没有间隙，那就意味着彩虹表的预计算会得到所有给定形式的密码。例如有 12 个字符的密码，每个字符允许选取 26 个字母。

失窃数据集中的指纹 f_0 可以被用如下方法来恢复相关的密码。计算 $h(R(f_0))$ 从而得到新指纹 f_1，接下来计算 $h(R(f_1))$ 得到 f_2，以此类推。直到得到第一个前 20 位都是 0 的指纹 f_m。接下来检查整个表，去寻找 f_m 对应的那个原始密码 P_0。基于得到的 P_0，再计算一系列指纹 h_1，h_2，……直到最终不可避免地回到初始的指纹 f_0，将 f_0 记为 h_k。而你所期待的密码就是那个生成 h_k 的密码，也就是 $R(h_{k-1})$，即只差一步计算就可以得到 h_k 的那个密码！

全程所需的计算用时包括在表中找到 f_m 的时间和从对应的密码计算一系列指纹（h_1，h_2，…，h_k）的时间。这大约是计算整个表的用时的百万分之一。换句话说，计算用时是相当合理的。

于是，经过相当漫长的预计算并存储其中一部分结果，我们可以在可接受的时间内得到任何已知对应的密码。

下面的序列表示了不同的计算链，这些链的起点是密码（M_0，N_0，Q_0），然后依次得到其他指纹和密码，直到所需的指纹（以及生成这个指纹的密码）被递归出来。（长虚线代表同上面两个相似的计算链。）

$$M_0 \xrightarrow{h} h(M_0) \xrightarrow{R} M_1 \xrightarrow{h} h(M_1) \xrightarrow{R} M_2 \xrightarrow{h} \cdots \xrightarrow{h} h(M_n)$$

$$N_0 \xrightarrow{h} h(N_0) \xrightarrow{R} N_1 \xrightarrow{h} h(N_1) \xrightarrow{R} N_2 \xrightarrow{h} \cdots \xrightarrow{h} h(N_p)$$

……………………………………………………

$$Q_0 \xrightarrow{h} h(Q_0) \xrightarrow{R} Q_1 \xrightarrow{h} h(Q_1) \xrightarrow{R} Q_2 \xrightarrow{h} \cdots \xrightarrow{h} h(Q_r)$$

现在来总结一下，通过知道每个计算链的开始和结尾（也就是我们预计算中仅有的被存储的信息），黑客可以从一个指纹得到任何所需的密码。简单来说，从一个失窃的指纹出发，将这个指纹记为 X，黑客可以重复对其作用 R 函数和 h 函数，计算出一系列密码和指纹直到得到一个前 20 位都是 0 的指纹。黑客接下来可以在表中查找到这个指纹（如下表中的指纹 C）同时找到对应的密码（密码 C）。

表格样例	
密码 A	指纹 A
密码 B	指纹 B
密码 C	**指纹 C**
密码 D	指纹 D

接下来，黑客会再次继续作用 R 函数和 h 函数，直到计算链中得到的一个指纹与失窃的指纹相吻合：

计算样例

密码 C →指纹 1 →密码 2 →指纹 2 →密码 3 →…→密码 22 →指纹 23（与指纹 X 相吻合！）

这个匹配的指纹（指纹 23）暗示生成该指纹的密码，也就是前一个密码 22，就是与失窃指纹相对应的密码。

为了建立彩虹表的第一行和最后一行需要进行大量计算。而只需要存储这两行的数据，并重新推导计算链，黑客就可以通过指纹找到任意密码。

数学创造艺术

灵感源自数学原理的图片和雕塑展示了数学那惊人的美。

斯蒂芬·奥尔内斯（Stephen Ornes）
管心宇　译

我们通常以冷漠而敬畏的目光来看待数学。推动这门学科向前发展的定律和原理是永恒的、坚定不移的。例如，我们永远也数不清素数有多少个，π 小数点后面的数字也将永远持续下去。

然而，在这种确定性之下，数学还有一种令人敬畏的魅力。一个证明或一个方程都可以具有优雅的美学效果。例如，研究群论的数学家分析的是控制旋转或反射的规则，这些变换在视觉上可以表现为非常美丽的对称性，例如雪花的放射状图案。

一些数学家和艺术家认为，数学和艺术不是互相排斥的，没必要只选择其中一个，他们选择兼顾两者。他们用数字和群论的语言提问，并找到用金属、塑料、木材和显示屏呈现的答案。他们编织、绘画、搭建模型。他们中的许多人每年都会在关于数字和艺术的国际桥梁大会（International Bridge Conference）上交换意见，或者在两年一度的马丁·加德纳聚会（Gathering 4 Gardner，名字来自马丁·加德纳，他在长达25年的时间里为《科学美国人》撰写著名的“数学游戏”专栏）上见面。

现在看来，人们对数学艺术的兴趣正在蓬勃发展，与此相关的作品展览甚至是学术论文的增加都反映了这个趋势。当前浪潮的根源可以追溯到20世纪末，但今天的艺术家从更广泛的数学领域中获取灵感，也在运用更多的现代工具。以下是一些最引人注目的作品。

博罗梅安环的塞弗特面（2008）

芭谢巴·格罗斯曼（Bathsheba Grossman）

十多年来，居住在波士顿附近的格罗斯曼一直在使用3D打印技术把金属做成数学雕塑。她喜欢对称、不可能性和空间的割分。这个作品的三个外环虽然没有彼此接触，但却有着不可分割的关联。如果你移走一个环，其他两个环就会分开。这种古老的形状叫博罗梅安环（Borromean ring），现在是国际数学联盟的标志。

博罗梅安环在数学上是一种链环的成员。这类链环的特征是有三条闭合曲线，任意两条之间都没有交点。它们的表面性质和相互作用让研究纽结理论的数学家特别感兴趣。博罗梅安环界定的表面被称为塞弗特面（Seifert surface）。

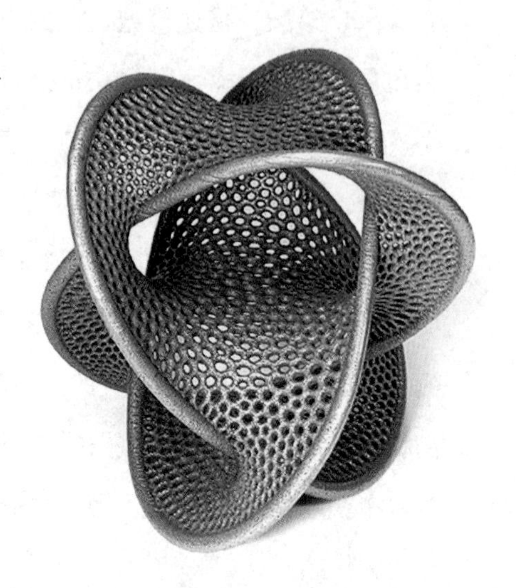

格罗斯曼的雕塑一部分是纽结理论，一部分是拼图游戏。她为了强调表面奇特的扭曲，使用了有着穿孔纹理的材质，这样既能发挥光影效果，也能突出奇特的拓扑形状。

佛像分形（1993）

梅琳达·格林（Melinda Green）

在 20 世纪末期，一种名为曼德博集合（Mandelbrot set）的图形在数学和艺术世界风靡一时。这是一个用已故法裔美国数学家本华·B. 曼德博（Benoit B. Mandelbrot）的名字命名的分形集。曼德博最早系统地研究分形，使之成为一个值得研究探索的领域。他的著作《大自然的分形几何》（*The Fractal Geometry of Nature*，1982）至今仍然是一部经典之作。

曼德博集合从二维复平面上的一个点开始。把该点代入一个特殊方程，把输出结果作为另一个点，然后再把这个新的点再次代入方程——比如不断重复迭代。如果新的点的绝对值不会变得太大，而是时增时减，那么起始点就在这个集合里。

当你放大或缩小曼德博集合的图像时，可以看到一模一样的形状在重复出现。但直到 20 世纪 90 年代，曼德博集合一直都有一个标准的呈现方法，这让它看起来像一只大虫子，边缘周围散布着小虫子，附着在这些小虫子上的还有更小的虫子。

计算机程序员格林不喜欢虫子的样子。因此，她花费很多心思写出了一个程序，可以显示某些点在平面上四处跳跃的更多细节。出现在显示器上的图案很诡异，它是一个逼真的佛像，格林后来又修改了代码以突出不同的颜色。许多数学家将数学的抽象性与精神体验进行比较，而格林的《佛像分形》则明确地在两者间架起了桥梁。

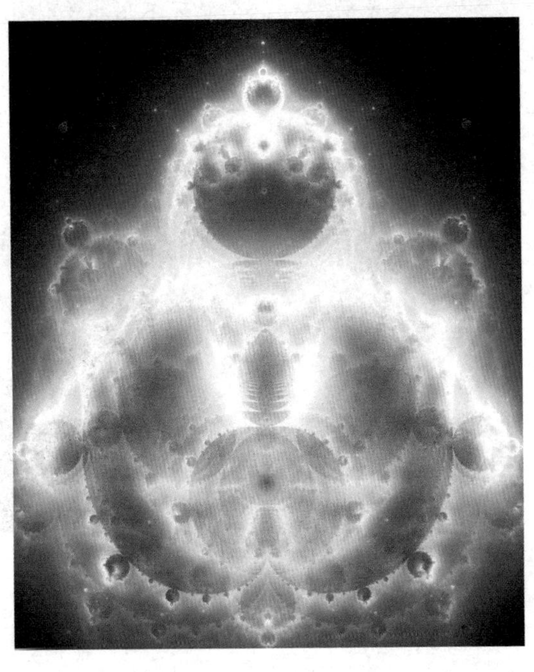

南极光（2010）

卡洛·H. 塞坎（Carlo H. Séquin）

在数学艺术领域，美国加利福尼亚大学伯克利分校的计算机科学家塞坎是个名人。他创作了数百件作品，把曲面、扭曲和维度等有趣的概念化为实物。他用木头、金属和塑料创造了一个名副其实的艺术品动物园。

他说这件作品的灵感来自在南半球天空中的灯光秀：南极极光。雕塑扭曲的丝带状结构模拟了极光扭动的光带。雕塑的带状结构从平面变成曲面，之后再变平，并与自身连接。如果你让手指沿着雕塑的蜿蜒表面划过，会发现不用抬手就能让手指经过雕像所有的地方并回到起点。它的内表面也是外表面，所以它是一条莫比乌斯带，也是已知最简单的不可定向曲面，也就是说，我们不能使用诸如“前”或“后”、“内”或“外”等概念来描述它。

塞坎认为，这些视觉艺术不仅仅只是让人着迷而已，它们还让我们接触到重要的数学思想。“这种方式能让讨厌数学的人重新关注数学，”他说，“让人们认识到，数学绝对不是一门仅需要死记硬背和推理计算的功课。”

双曲平面 / 伪球面（2005）

代娜·泰米娜（Daina Taimina）

泰米娜对非欧几里得工艺品的探索始于20世纪90年代，这位现已退休的数学家当时正在康奈尔大学教授一门关于双曲几何的课程，这属于非欧几里得几何学。在欧几里得几何中，如果有一条直线和直线外的一点，则穿过该点只有一条直线能与第一条直线平行。但是在非欧几里得几何中，可能有许多条直线穿过该点并且不与第一条直线相交。这是因为双曲面具有恒定的负曲率。（球体表面具有恒定的正曲率，负曲率更像马鞍的形状。）因此，双曲面上的三角形的内角和小于180°。这种古怪的曲面有点像羽衣甘蓝叶片边缘的褶边。

泰米娜想要做出可以触摸的模型，让学生感受那种曲率，而自己一直在练习的钩针编织似乎就很合适。于是她用钩针和纱线编织出了一个双曲面，她的织法很简单，就是以指数方式增加针数。图片所示的是一个伪球面，在任何地方的曲率都是负的。

从那以后，泰米娜已经制作了数十种颜色的模型，最大的重约8千克。可以说，她发明了“双曲针织”。泰米娜创作令人眼花缭乱的编织作品的方法只有一个基本原则。“这很简单，”她说，“保持曲率恒定。”

原子树（2002）

约翰·西姆斯（John Sims）

数学家兼艺术家西姆斯住在佛罗里达州的萨拉索塔（Sarasota），他从一系列数学思想中汲取灵感。这幅图片描绘了在分形上生长的树木，分形是一种自相似的图案：无论是放大还是缩小，它在每个尺度上都是相同的。

在大自然中，这种图案出现在紧密的西兰花冠和锯齿状山脉中，科学家利用它们来研究一系列现象，从宇宙结构到鸟类飞行模式。

这幅艺术作品将真实树木的照片、绘制的树与分形组合成一棵树的形状。“它代表数学、艺术和自然的结合。”西姆斯说。在《原子树》中，这个组合出来的形状作为搭建模块，或放大或缩小地重复自己，并连接起来，形成一个巨大的网络。

西姆斯在 2002 年的展览 MathArt / ArtMath 上首次展出了这件作品。这次展览由他和别人共同策划，在瑞林艺术与设计学院（Ringling College of Art and Design）举办。他还制作了许多灵感来自圆周率 π 的数字序列的作品，包括棉被和裙子。2015 年，他与数学家兼艺术家维·哈特（Vi Hart）合作，创作了歌曲《π 日赞美诗》（Pi Day Anthem），两个人在鼓和贝斯的伴奏下咏诵 π 的数字。

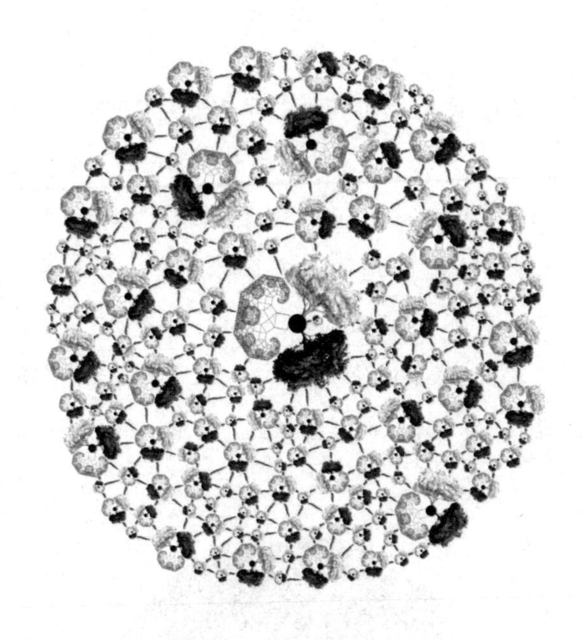

圣甲虫（2018）

比亚内·耶斯佩森（Bjarne Jespersen）

耶斯佩森认为自己是一位魔术木雕师。这位丹麦艺术家渴望被怀疑：他希望人们能够看到、抓到和移动他的木制作品，但仍然不相信它们。“我不仅仅是魔术师，还是数学家和艺术家。”他说。

如果你把这个球拿在手中，你会很快意识到每一只甲虫都能独立于其他甲虫晃动，但它们是互锁的，你并不能在不破坏其他部件的情况下把某只甲虫从整体中拿出来。这个球由一块山毛榉木雕刻而成。

耶斯佩森的灵感来自荷兰艺术家 M. C. 埃舍尔（M. C. Escher）。埃舍尔的很多艺术作品都有数学内涵，他普及了镶嵌（tessellation）这个概念。镶嵌指的是几何形状以重复的模式组合在一起，覆盖或铺满平面。数学家长期以来一直在研究镶嵌的特性——不仅是平面，还有更高维的结构。（埃舍尔本人的灵感来自伊斯兰艺术中对镶嵌的使用，特别是装饰西班牙南部阿罕布拉城墙的图案。）耶斯佩森的《圣甲虫》使用小甲虫作为镶嵌的基本单元。

第5章

数学的极限

哥德尔证明⊖

尽管鲜为人知，但它是20世纪思想的里程碑。
这个证明揭示了数学和数理逻辑中某些惊人的固有局限性。

欧内斯特·内格尔（Ernest Nagel）
詹姆士·R. 纽曼（James R. Newman）
宋英奇 译

1931年，25岁的年轻数学家库尔特·哥德尔（Kurt Gödel）在一家德文科学期刊上发表了一篇论文。当时仅有极少数的数学家阅读过这篇论文，它有一个令人望而生畏的标题——《<数学原理>及相关系统中的形式不可判定命题》。这篇文章所讨论的主题在当时并未引起大多数研究者的注意，并且它所涉及的推理形式既新颖又复杂，以至于超过了大部分数学家的想象和理解。即便如此，时间终究还是证明了哥德尔论文是20世纪跨时代的重大科学发现。随着人们对哥德尔证明的了解程度逐渐加深，它

⊖ 本文写作于1956年。

所阐述的一般性结论已经为广大科学工作者所知，科学界也意识到他的工作之于科学是具有革命性意义的。

哥德尔所取得的成绩为世人大加赞誉，就在论文发表后不久，他就被请到普林斯顿高等研究院，并且自 1938 年起，他就成为了该研究院的终身成员。1952 年，哈佛大学授予哥德尔荣誉博士学位；在介绍词中，哥德尔的证明被誉为是现代逻辑学中最重要的进步之一。

哥德尔的论文攻克了数学基础中的一个核心问题。纵观科学发展的历史，古希腊人提出的公理化方法一直都被奉为构建数学逻辑思考框架的金科玉律，这种方法通过对一些确定性的命题（比方说，如果 $a=b$，$c=d$，那么 $a+c=b+d$）做出假设，并将这些命题称为公理，然后从这些公理出发推导出其他的命题或定理。尽管直至前几年，大多数学者还认为几何学是唯一具有坚实公理基础的数学分支，但实际上最近两个世纪以来，强大而严格的公理化方法也在其他数学分支上发挥了它的作用，比如人们熟知的整数算术系统。于是数学家们坚信，我们可以在每一个数学领域上都建立一套公理化系统，以通过逻辑推理完成各种数学证明。

但哥德尔给人们的幻想画上了句号，他站在这些数学家的对立面，以他的证明告诉世人：任何的公理化系统都有它内在的局限性，这种局限性使得即使直观如整数算术系统这样的数学系统都无法以公理化的方式成为完备的逻辑系统。哥德尔的证明给予了人们一个震撼而可悲的启示：任何复杂的演绎系统都无法确保自身的一致性，一个系统所需要的假设的内部一致性同系统本身的一致性都一样容易受到质疑。不过哥德尔的论文给人们带来的也并不仅仅是遗憾，他在逻辑研究中所创造的针对数学基础性研究的新方法从此广为受用，它带来的影响力完全不亚于勒内·笛卡尔将代数方法引入几何时对数学界产生的冲击。自此之后，数理逻辑作为一个新的数学研究分支便诞生了，它引导了人们对数理哲学甚至是一般知识哲学的重新认识。不过哥德尔划时代的论文的具体内容仍然是鲜为人知的，这些内容的细节太过复杂和艰深，以至于对于那些不具备足够数学知识的人来说是完全难以捉摸的；尽管如此，想要把握这些结果的主干和核心精神对于大多数人还是不难的。这篇文章就将讲述哥德尔的证明中的背景问题与这些发现的实质内容。

新的数学

19 世纪是一个数学飞速发展的世纪，数学界众多基础性的历史遗留问题都在这个时代得到了解决。随着数学研究的不断推进，许多鲜活的数学领域如雨后春笋般被开拓出来，新的数学分支逐渐建立起了理论基础，旧有的研究领域也因为各种知识和技术的进步以全新的面貌重现开来。这其中最具有革命意义的发展莫过于传统的欧氏几何（欧几里得几何）公理被新的几何学公理所替代，特别是传统几何学从欧几里得第五公设（平行公理）[㊀]的桎梏中解放了出来，五彩斑斓的新的几何学大门被打开了。在几何学上取得的成功警示人们，以直觉和观察为原初动力的数学研究往往具有某种局限性，这便促使了数学家们在其他已有数学分支的基础重构中投入大量精力。

人们对于数学这门学科的观念也在发生着改变，数学在传统上被认为是“研究数量的科学”，但人们逐渐意识到数学的本质应当是从一组恰当的公理或假设出发，推演出各种我们需要的结论——数学应当远比我们想象的更加“抽象化”和“形式化”。“抽象化”是因为数学所能描述的对象和现象完全不需要受制于任何具体的形式，它应当能表达任何事物和刻画任何性质；而“形式化”是由于数学演算的有效性只需依靠命题本身的逻辑结构，并非取决于某个特殊的背景或前提。任一数学分支的假设并不需要从空间、数量、角度或预算等特定事物中提炼出来，在假设中任何与特定事物有关的描述性词汇的具体含义在定理的逻辑推导的过程中也不会起任何作用。真正的纯数学家（这里是区别于研究某一特定领域的数学家）所关心的问题并不是他们在数学

㊀ 欧几里得《几何原本》中的第五条公设（即公理），也称作平行公设。原内容是：如果一条线段与两条直线相交，在某一侧的内角和小于两直角和，那么这两条直线在不断延伸后，会在内角和小于两直角和的一侧相交。现常用其等价形式的普莱费尔公理（Playfair axiom）作为平行公设的表述：过平面上已知直线外的一点，至多只能作一条直线与该已知直线平行。——译者注

推导中所基于的假设或者得到的结论是否正确，而是这些得到的结论是否是从这些原初假设中得到的必然的逻辑结果，正如伯特兰·罗素（Bertrand Russell）的那句格言所说："纯数学是一门我们不知道在讨论什么（具体内容），也不知道我们所讨论的事情是否正确的学科。"

自此，数学在严格抽象化进程中走入了一片新的天地，数学家完全不具备任何历史经验以供参考，开垦这片未知的土地对他们而言无疑是一个极大的挑战。然而值得庆幸的是，这片土地上深藏着宝藏，数学家们能在其中享受自由探索的乐趣，同时欣赏新世界的壮景。随着数学的进一步抽象化，人们将思维从惯常的自然语言中解放出来，从而创造出全新的、基于假设系统的描述语言。

形式化的数学也引导着各种兼有趣味和价值的新体系的诞生；尽管我们需要承认，其中有一些新体系并不像人们熟悉的几何或算术那样能够被直觉所捕捉和描述，不过这无伤大雅。对于数学而言，直觉往往是一把双刃剑：对于现在的孩子而言，让他们依赖直觉去理解和接受相对论中描述的那些悖论是易如反掌的，就像我们现在也不会对几代人以前曾被认为全然不直观的想法而感到困惑那样；但众所周知的是，直觉从来都不是科学之路上的安全向导，因为它不能够令人信服地作为检验科学探索的真理性和生产力的准则。

值得注意的是，数学抽象化程度的提高也带来了一个更加严重的问题——对于我们建立的公理化的理论体系，是否能够从它公理的源头就检验它的正确性。比如在建立集合论公理体系时，我们往往要借助一些确定、熟悉的对象的性质，从中抽象出我们所需要的集合应当满足的性质，并将其逻辑形式化。我们的目的是让公理尽可能地贴近并符合我们的认知和逻辑需要，因而在这种情形之下，当想要判断这些公理是否恒真的时候，我们就能够依靠这些对象来进行检验：只要公理对这些对象来说是成立的，那么我们就有理由相信整个体系应当是保有内部一致性的，也就是说，我们能够确定由这样的公理出发不会得到互相矛盾的结果。但在其他的领域内，我们就没有这么幸运了。非欧几何公理对于空间的基本描述与我们对空间的认知是大相径庭的，更不必提非欧几何中其他更深刻的结论了，因此想要检验非欧几何整个体系的内部一致性是极为棘手的。比如在黎曼几何（非欧几何的一种）中，欧几里得第五公设被修正为：过已知直线外的一点，同一平面内不存在任何一条过该点的直线与已知直线平行。我们自然地会产生这样的疑问：黎曼几何的公理之间是否具有一致性？既然其描述与我们所认知的现实世界有如此大的出入，那么我们如何检验这个理论体系的一致性？我们又如何能相信根据其中的公理不会导出自相矛盾的定理？

人们提出了一个解决以上问题的一般方法，那就是寻找一个合适的“模型”，使得每一条公理在这样的模型下能够被转化为关于此模型的一个真命题。下面我们举一个例子来描述这种方法的操作过程。

我们将“类”（class）定义为一组可区分的元素，这些元素视为类中的“成员”（比方说，所有小于10的素数可以确定一个类，它由2，3，5，7这四个元素构成）。现在我们考虑两个完全抽象的类，记为K和L，并要求它们满足如下的一些假设：

1. K中的任何两个成员仅包含于L的一个成员中；

2. K中的任何一个成员都不会包含于两个以上的L的成员中；

3. K中的成员不会全部包含于L的一个成员中；

4. L中的任何两个成员包含且仅包含K的一个成员；

5. L中的任何一个成员都不会包含两个以上的K的成员。

（需要注意，这里的“包含”是指K中成员与L中成员之间的一种关系，它是一种抽象的关系，并不是特指集合论中的包含关系。）

从以上的几条假设出发，利用一些基本的逻辑演绎规则，我们便能够得到关于这两个抽象类的一些定理。比如，我们能够证明K仅有三个成员。但这样的一组假设是否能够保证它们不会导出互相矛盾的结果呢？此时我们设计的解释模型就派上用场了：

我们令 K 代表一个三角形的三个顶点，L 代表三条边，再让“包含”关系表示 K 中的某个点是 L 中的某条边的端点，或者说是某条边上的点，那么在这个模型之下，我们能轻易地将五条假设转化为关于三角形模型的真命题：

1. 三角形的任何两个顶点仅在三角形的一边上；

2. 三角形的任何一个顶点不可能同时是两条以上的边的端点；

3. 三角形中的全部顶点不可能同时在三角形的同一条边上；

4. 三角形的任何两条边有且仅有一个共同的顶点；

5. 三角形的任何一条边不可能有两个以上的顶点。

于是按照这种方式，我们就证明了这些假设的一致性。

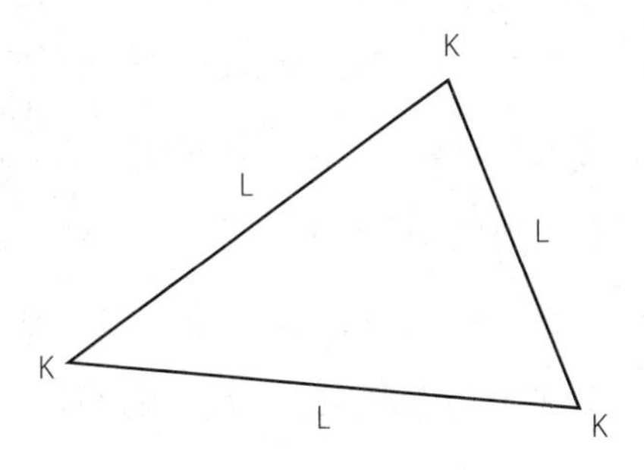

自然而然产生的一个朴素想法是将如上的程序套用在黎曼几何上，这样似乎就足以确立黎曼几何公理间的一致性。对于平面黎曼几何，数学家们找到的一个通用模型是：以“平面”作

为欧氏几何中的球面，“点”就是欧氏球上的一点，并定义“直线”是欧氏球面上的大圆，即圆心是欧氏球球心的球面圆。如此一来，黎曼几何的假设都以这种方式转化成了欧氏几何中的定理。在这个解释下，黎曼几何修正的平行公理就变为：过球面上已知大圆外的一点，不存在任何一个大圆与已知大圆是不相交的。但是只要足够细心便能发现，该模型最脆弱的一点是，它居然将解决黎曼几何一致性的问题归约到欧氏空间的内部去了（换句话说，我们在尝试利用欧氏几何证明一个颠覆了欧氏几何的几何体系的一致性）。这样一来，只有欧氏几何的一致性是成立的，黎曼几何的一致性才会成立，但是欧氏几何是具有一致性的体系吗？

倘若我们再调用另一个模型去解释欧氏几何的一致性，我们其实并没有离答案更近。事实上，通过这种模型的方法所得到的证明仅仅是一个间接性的证明，而非绝对性的证明，因为我们仅仅只是将一个待解决的问题扔到另一个尚未可知的系统中去了。当我们试图用模型解释一个系统时，只要模型本身包含的元素是有限多的，我们在证明其定理的一致性时就不会有太大的困难。就像之前所提到的，利用由有限个元素构成的三角形模型去检验K和L这两个抽象类的假设是可行的，我们通过实际检验就清楚了这些假设的正确性，进而也证明了一致性。然而不幸的是，大多数重要的数学分支所采取的假设系统都无法在有限模型下得以展现。例如在初等算术中，有一条公理断言了整数的根本特性，那就是全体整数序列中的每个整数都存在一个后继数，这个后继数不同于该整数之前的任何一个数。初等算术公理的对应模型必须包含无穷多个元素，这导致我们无法通过简单的枚举和观察来检验初等算术的一致性。显然，我们在探索公理系统一致性的道路上似乎已经陷入了僵局。

罗素悖论

如果一组假设所基于的基本概念是非常“清晰”且“明显”的，那么我们很可能受到一种来自直觉背后的暗示而认为它们是一致的，但果真如此吗？在某些数学研究的领域中，尽管“直觉”阐释了假设中的各种概念，并且其知识架构也看似表现出了一致的特征，但这并不能阻止某些根本性矛盾的产生。这样的矛盾（严格意义上讲，应当称作“二律背反”）曾在19世纪格奥尔格·康托（Georg Cantor）提出并发展的超穷数理论中就已经显现了，这套理论完全是建立在既初等又看起来十分“清晰”的概念之上的。由于现代数学中许多其他的分支，尤其是初等算术，已经在类的数学理论（其实就是当时所称的集合论）上建立起来了，那么我们就自然地产生了这样的疑问：这些理论是否能够幸免于陷入矛盾呢？事实上，伯特兰·罗素仅仅在一个初等逻辑的框架中就发现了类理论中的一个矛盾，这个矛盾与最早在康托超穷数理论中发现的矛盾是非常相似的。罗素发现的二律背反可以这样描述：

所有的类（集合）显然能够被划分为两种：成员（元素）不包括自身的类，以及成员包括自身的类。比如数学家构成的类显然是第一种类，因为数学家构成的类本身不是数学家，因此这是一个成员中不包括其自身的类。而可思考的概念构成的类是第二种类，因为这个类本身也是一个可思考的概念，所以它是自身的一个成员。我们不妨将第一种类称作“正规的”(normal)，而第二种称作“非正规的”(nonnormal)。我们再定义全体正规类构成的类是N；N自身便是一个类，那么我们就有必要讨论N是否是一个正规类。如果N是一个正规类，那么N便是全体正规类所构成的类N中的一个元素，换句话说，N是自身的成员，而这恰恰意味着N是一个非正规类；而如果N是非正规类，那么N就不被包括在全体正规类所构成的类N中，进而由正规类的定义，N应当是一个正规类。简而言之，N是一个正规类，当且仅当N是一个非正规类。这个相当致命的矛盾是对类这一相当明确的概念的非严格使用的直接结果。

无独有偶，更多的悖论也渐渐被发掘出来，并且每条悖论都是从我们熟悉且看似令人信服的推理模式中构造出来的。这直接表明了，一个模型的无限性本身很可能导致其对应的假设之间的不一致性。一个不争的事实就这样凸显出来了：尽管我们从一致性判定问题的动机出发创造了以模型检验来判定公理一致性这一绝妙的数学方法，但它却终究不是解决这一问题的最终答案。

希尔伯特的元数学

杰出的德国数学家大卫·希尔伯特以一种截然相反的视角来尝试解决这个问题，他采取的方法避免了使用模型来考量一致性，转而通过将数学系统内的所有实际数学意义都抽离掉，从而将它变为一个彻底形式化的演绎系统。在希尔伯特的完全形式化系统中，任何数学表达式仅仅是无意义的符号，而假设和定理都是由这个符号系统（这种系统也称作是一个“演算”）中的符号构建出来的无意义的符号序列，它们的表述方式是由符号之间严格的组合规则来决定的。在这样的演算系统中，定理的推导过程可以简单地视为是在明确的操作规则的制约之下，由一组符号序列——我们可以将其称为“符号串”（strings），转化为另一组“符号串”的过程。这样一来，希尔伯特的方法就避免了使用任何未被广泛承认的推理规则的风险。尽管对于数学演绎系统的完全形式化是一个极其困难的工作，但是它所指向的目标是颇具价值的。数学系统如同一个被形式化一刀劈成两半的机器工作模型，深藏于它内部的复杂逻辑关系被清晰地暴露了出来。我们现在可以很清楚地看透这些“符号串”的结构模式：它们如何关联、如何组合、如何相互嵌套等。尽管一张写满了“无意义”的形式化数学符号串的纸很难表达出任何东西——它就像是一种抽象的设计图样，或是一团具有特定结构的马赛克，但是这样一个系统的结构是能够被陈述的，并且各个陈述之间具有错综复杂的关联。比如我们可以说一个“符号串”是可爱的，或者它和另一个“符号串”很相似，抑或一个“符号串”看上去是由其他三个“符号串”组成的，等等。这样的一些陈述固然是很有意义的，但它们自身并不被包括在这个无意义的系统中。

希尔伯特把以上这些新的思想统一地归到一个独立的数学新领域——“元数学”。元数学中的陈述都是关于在这些形式化数学系统中的抽象符号的陈述，是关于这些符号的种类和排列、它们构成的更长的符号串——“公式”的组合规律的陈述，或是在一些特定的操作规则之下所揭示的关于这些公式之间的关联的陈述。这里将举出几例来刻画数学（一个包含着有具体意义的表达式的系统）与元数学（一个包含着关于数学的陈述的系统）的区别。

我们考虑一个算术表达式 2+3=5，这是一个在数学系统中由初等算术的符号构成的表达式。对于这个表达式，我们可以说：“‘2+3=5’是一个算术公式。”这一陈述并不是站在算术的视角提出的，它是一个元数学的陈述，因为它做的事情是将一个表达式定性为一个算术表达式。再比如，表达式 $x=x$ 是一个数学表达式，但“x 是一个变量”是元数学的陈述；同时“公式‘0=0’是从公式‘$x=x$’中通过将变量 x 以数值 0 替换而导出的”也是一个元数学的陈述，因为它指出了一个算术公式是以何种方式得出其他公式的，即它陈述了两个公式之间的相关性。还有一例，“‘$0 \neq 0$’不是一个定理”也是一个元数学的陈述，它表明这个公式完全不可能从算术公理中得出，或者说这个公式与整个系统没有什么特定的关系。最后我们还可以说：“算术系统是一致的。”（换句话说，我们不可能从算术系统的公理中同时得到 0=0 和 $0 \neq 0$ 这两个互相矛盾的结论。）

基于这种将元数学的陈述从数学本身完全剥离开的观念，希尔伯特尝试通过建立一种“绝对性”的证明方法（无须借助其他系统的一致性成立的前提），来判定数学系统的内部一致性。具体地说，他寻求的是发展一套关于证明的理论，通过分析包含在这些完全形式化（不具有解释含义）的演绎系统的表达式中的纯粹结构特征，来完成一致性的推演。这样的分析仅仅由指出符号的种类和排列以及确定某个特定的符号组合是否能在明确规定的操作规则下由其他符号组合导出两部分构成。如果我们能够构建出这样的一个绝对性证明，那么它一定能够让我们在元数学的框架下以有限步骤说明两个“矛盾”的公式不可能由该系统的公理或一些初始结论通过合法的推理规则得出，就像之前提到的“0=0”和“0 ≠ 0”一样。

为了更好地解释这一点，我们不妨将作为证明理论的元数学与国际象棋的理论做一下对比。国际象棋是一个由 32 个特别设计的棋子在一个包含 64 个方格的方形棋盘上进行的游戏，每个棋子的移动都遵循着一些固定的规则。对游戏之外的世界来说，棋子、方格或棋子在棋盘上所处的具体位置都不具有任何实际的象征意义；也就是说，这些棋子连同它们在棋盘上的布局都可以被认为是“无意义的”。因此这个游戏可以说是形式化数学演算的一个很好的类比。仅仅在游戏本身的意义下，这些棋子和方格对应的是形式演算中的基本符号，棋子的初始位置对应的是作为演算起点的公理或初始结论，棋子的后续位置对应的是由这些公理或初始结论导出的公式或结论（也就是我们说的定理），而棋子移动的规则对应演算中的推理规则。所以说，尽管棋盘的棋子布局是“无意义的”，但关于这些布局的陈述——就像元数学对数学公式的陈述一样，是相当有意义的。打个比方，一条“元国际象棋”的陈述可能是断言执白的一方有 20 种可能的开局方式，或者可能是想说在某些给定的布局下，白方只需要走三步就足以将死黑方。更进一步，我们还能从一些有限个可能的布局出发，得到一般的“元国际象棋”的定理。我们提到过，白方所有可能的开局方式只有 20 种，这就是通过这种方式（从全体棋子最初的布局出发）能够得到的结论；类似地，我们还能证明如果白方仅有两个马，那么白方想要将死黑方是完全不可能的。以上这些结论，连同其他的“元国际象棋”定理，都能够通过逐个检验满足条件的可能布局（这些布局的数量自然是有限的），在有限的推理步骤下得到验证。希尔伯特开拓的证明理论的目标与此完全类似，也就是通过有限推理的方法来证明演算系统导出一对矛盾的公式是绝无可能的。

《数学原理》

正是希尔伯特的方法论，再加上阿尔弗雷德·诺尔司·怀特海和伯特兰·罗素在他们二人的著作《数学原理》（*Principia Mathematica*）中阐释的形式逻辑本身，使得一场数学危机不可阻遏地发生了，而哥德尔给了这场危机一个最终的答案。于 1910 年出版的这本《数学原理》有一个宏伟的目标，那就是试图揭示数学仅仅是逻辑学的一个部分这一事实，它做出了两个特别值得我们关注的贡献。一方面，沿着 19 世纪的逻辑学先驱乔治·布尔（George Boole）的工作，它提供了一个允许所有纯粹数学的陈述能够被标准化表示的符号系统；另一方面，大部分用于数学证明的形式逻辑规则也建立起了相应的显式形式。因而《数学原理》成为了考察整个算术系统的基础工具，它能够让“无意义的”符号系统在明确说明的规则下进行相应的运算。

现在将目光聚焦到《数学原理》的一个部分的形式化——初等命题逻辑，我们的任务是将这个部分转化为不具解释性的符号的“无意义的”演算，并且展示一种能够证明该演算不会导向自我矛盾的方法。我们需要如下的四个步骤：第一步，我们要指明全体在演算中需要使用的符号的“词汇”是什么；第二步，我们要陈述“构成规则”（即这套符号语言的“语法规则”），用以指出什么样的符号组合可以作为公式（也就是符号语言的“语句”）；第三步，我们要明确规定“变换规则”，也就是要说明一些公式应以怎样的方式导出其他的公式；最后一步，我们要选择一些特定的公式作为公理，它们是整个演算系统的基础。系统中的所有“定理”，包括公理在内，构成了全体的公式，它们都能从公理出发，通过变换规则而导出。而“证明”是由有限个合法公式构成的序列，该序列中的每一条公式要么是一条公理，要么是由前序的若干公式通过变换规则导出的结果。

初等命题逻辑（通常也被称作“命题演算”）的词汇是非常简单的：

命题变量：它对应的是语句或陈述，常用 p、q、r 等字母来表示。

连接符号：

“$\sim$”表示“非”；

“$\vee$”表示“或”；

“$\supset$”表示“如果……那么……”；

“$\bullet$”表示“且”。

标点符号：左右圆括号“(”和“)”。

所有的公式就是由上面这些词汇基于构成规则组合而成的。首先每个命题变量本身就是一个公式，这些变量符号可以依照构成规则组合为其他公式：比如指定 p 和 q 是两个命题变量，那么 $p \supset q$ 是一个公式，并且它的否定就是 $\sim(p \supset q)$。公式之间也可以组合成新的公式：如果 S_1 和 S_2 是两个公式，那么它们的组合 $S_1 \vee S_2$ 也是一个公式。类似的约定对于其他的连接符号也是成立的。命题逻辑的变换规则仅有两条：一是替换规则，如果已经存在一个预设好的由命题变量组合而成的公式，那么以任何其他公式替代该公式中的任一变量，得到的新语句仍然是一个合法的公式，并且新公式可以被视作是原公式的逻辑结果。比如我们已经假设 $p \supset p$ 是成立的（因为如果 p，那么 p），此时用任意的命题变量 q 替代 p，我们就能得到定理 $q \supset q$；再如果以 $p \vee q$ 替换 p，则又得到 $(p \vee q) \supset (p \vee q)$。二是分离规则，如果已有 S_1

和 $S_1 \supset S_2$ 作为前序公式是逻辑为真的，那么 S_2 也是逻辑为真的，S_2 作为二者的逻辑结果（分离规则相当于是 S_1 的成立使得 S_2 从逻辑链 $S_1 \supset S_2$ 中分离出来了）。

命题演算有四条公理，就和《数学原理》中所叙述的一样，我们将它们在下表中展示出来，并用文字将符号语言“翻译”为某种实例的说明，用以解释它们各自所蕴含的逻辑意义。

1 $(p \vee p) \supset p$ 如果 p 或 p，那么 p	如果亨利八世是个粗人或者亨利八世是个粗人，那么亨利八世是个粗人
2 $p \supset (p \vee q)$ 如果 p，那么 p 或 q	如果精神分析法是有效的，那么精神分析法是有效的，或者头痛止痛药效果更好
3 $(p \vee q) \supset (q \vee p)$ 如果 p 或 q，那么 q 或 p	如果伊曼努尔·康德是守时的或者好莱坞是有罪的，那么好莱坞是有罪的或者伊曼努尔·康德是守时的
4 $(p \supset q) \supset (r \vee p) \supset (r \vee q))$ 如果 p 蕴含 q，那么（r 或 p）蕴含（r 或 q） * 注：我们用“p 蕴含 q”来描述“如果 p，那么 q”，即“$p \supset q$”	如果鸭子是蹒跚而行的蕴含 $\sqrt{2}$ 是一个数，那么丘吉尔喝白兰地或者鸭子是蹒跚而行的蕴含丘吉尔喝白兰地或者 $\sqrt{2}$ 是一个数

从这种笨拙的“翻译”中不难发现，命题演算所基于的公理的“含义”是具备绝对的一般性的，我们尤其能从第四条公理的解释中感受到用符号语言来描述逻辑之于自然语言具有多么巨大的优势。

尽管每条公理看上去都是如此显然又平凡，但只要借助我们之前提到过的两条变换规则，就可以由它们出发得到无穷无尽既不明显也不平凡的定理。不过不要忘了，我们现在并不是对定理的导出本身感兴趣，我们引入这个符号系统归根到底是想找到证明系统逻辑一致性的方法。我们所期望证明的是，仅仅使用变换规则不可能从公理同时导出任何公式 S（即任一能够被视作是一个语句的表达式）及其否定 $\sim S$。

能够证明，$p \supset (\sim p \supset q)$ 是上述演算系统中的一个定理（如果 p，那么如果非 p 那么 q）。我们暂且省略掉该定理的推演过程，现在假设某个公式 S 及其否定 $\sim S$ 能同时被演算系统推出，然后用该定理去检验这一结果。首先采用替换规则，以 S 替换定理中的 p 就能得到 $S \supset (\sim S \supset q)$，它是定理 $p \supset (\sim p \supset q)$ 的自然逻辑结果；由于 S 是能够被推演为真的，我们可以进一步用分离规则得到 $\sim S \supset q$；最后根据 $\sim S$ 也是能够被推演为真的，再用一遍分离规则就能够得到 q。事实上，替换规则允许我们以任一公式替代 q，这表明从系统的公理出发可以推演得到任一公式；也就是说，只要 S 和 $\sim S$ 能同时被演算系统推出，那么任一公式就都是可推出的。这直接表明了一个事实：如果演算系统不一致（即如果 S 和 $\sim S$ 都可被推演为真），那么任何定理都可以从公理中推导出来。因此，若想要证明演算系统的一致性，我们的任务就（由证明所有的矛盾公式不可能同时被公理推出）简化成找出至少一个公式不可能被公理推出。

解决之道是对我们面前的这个系统进行元数学的推理，这种方式的实际做法是十分优雅的，其关键在于找到某个满足下述三个条件的公式特征：①该特征是所有四条公理也具有的；②它具有“遗传性”，也就是说，任何从公理出发得到的公式（即任何定理）也具有这样的特征；③至少存在一个公式不具有这样的特征，因此它也不是一个定理。只要能顺利完成以上的三个任务，我们就能实现对公理的一致性问题的绝对性证明。如果我们可以找到一组满足作为公式的要求，但不满足以上特征的符号序列，那么这个公式就不能成为定理。换句话说，找到一个不是定理的公式就足以确立演算系统的一致性。

下面我们选择“重言式”（tautology）作为我们先前所要求的特征。在日常用语中，顾名思义重言式通常是一种冗余而重复的陈述，例如，“约翰是查尔斯的父亲并且查尔斯是约翰的儿子”。但从逻辑上讲，重言式被定义为排除了一切逻辑不确定性的陈述，例如，“现在要么是在下雨，要么没有在下雨”；另一种说法是，重言式就是“在所有可能的世界中都为真”的陈述。下面我们将这个定义套用在我们正考虑的演算系统的公式中：如果一个公式不论它的基本成分（p，q，r 等）是真或假，该公式本身都为真，我们就说它是重言式。

首先可以看到，四条公理显然都是重言式。比如对第一条公理（$p \vee p) \supset p$ 而言，不论 p 被指定为真命题还是假命题，公理本身都是真的。我们以“雷尼尔峰高 20000 英尺”来做示例，第一条公理在该情形下变为“如果雷尼尔峰高 20000 英尺或者雷尼尔峰高 20000 英尺，那么雷尼尔峰高 20000 英尺”，不论雷尼尔峰是不是真的有 20000 英尺那么高，这一陈述都是正确的。对其他三条公理也可以做完全类似的演示，这里不再赘述了。下一步我们还可以证明重言性质在变换规则下是具有遗传性的，不过这里就不给出具体的证明过程了。基于遗传性，一切直接由公理推演得到的公式（也就是一切定理）都一定是重言式。我们已经完成了前面两个任务，接下来就要找到至少一个不是重言式的公式。这其实并非难事，我们可以举 $p \vee q$ 为例，显然它不是一个重言式：这就好比说“要么约翰是一个哲学家，要么查尔斯阅读《科学美国人》”。这显然不是一个逻辑真理——因为这并非一个不论它的基本成分是真实或是虚假都能为真的语句。所以 $p \vee q$ 仅仅是一个公式，而并不能成为定理。

我们终究是实现了目标，一个不是定理的公式的存在使得命题演算系统公理的一致性得以佐证。

哥德尔的答案

作为数学系统的一个例子，命题演算系统使得希尔伯特的证明理论得以完全展现。但是命题演算仅仅只是形式逻辑的冰山一角，形式逻辑的天空仍然覆盖着乌云——在希尔伯特的证明方案下，我们是否仍能证明一个面向整个算术的形式系统同样具有一致性呢？哥德尔的答案终止了人们对于这一难题的争辩，他在1931年发表的论文直接宣告了一个事实：人们在证明算术一致性的道路上所做的一切努力都注定是徒劳的。

哥德尔的结论有两个主要的方面。在第一条主要结论中，他证明了对于一个大到足以涵盖整个算术的系统，我们完全无法建立一个元数学证明以推理出它的一致性，除非这个证明本身能够采用比在该系统中用以推导定理而采用的变换规则强大得多的演绎规则。简而言之，即便我们总算战胜了一致性这条恶龙，使用更强演绎规则的（可能带来新的一致性风险的）需求作为新的恶龙又诞生了。哥德尔的第二条主要结论更令人称奇且更具有革命性，它揭示了公理化方法在根本上的局限性。哥德尔证明，包括《数学原理》在内的任一涵盖整个算术体系的形式系统本质上都是不完备的；换句话说，给定任何一组内部一致的算术公理，总存在某个恒真的算术命题是无法由这组公理推导出来的（也就是不能成为这个系统中的定理）。一个经典例证就是著名的哥德巴赫猜想，它断言任何一个大于 2 的偶数都能被表示为两个素数之和。尽管迄今为止没有人成功地找到哥德巴赫猜想的完整证明，但在实际应用当中，它对任何满足条件的偶数无一不是成立的。可能有人会提出，我们是否能够通过调整或扩充算术公理，使得新的公理体系能够推导出某些原本“不可推导”的命题。但哥德尔的结论更深刻地说明了这绝不是解决问题的最终方案，即使我们在系统中增添有限个新公理，也总存在其他一些算术真理是不可以被形式化导出的。

那么，哥德尔究竟是如何得出他的重要结论的？他的论文相当艰深，想要通透地理解他的整套理论的主要结果，我们必须事先掌握 46 个定义和几个重要的引理以做好准备工作。当然，在这篇文章中，我们将走一条捷径，但不管怎样我们都至少会对哥德尔的证明有一个简要的介绍。

哥德尔数

哥德尔最早创立了一种以指定数字作为对应标签的研究方法，他将形式系统中的每个基本符号、公式和证明都对应到某个数字，这些数被称作“哥德尔数”。逻辑连接符号和标点符号等基本符号的哥德尔数是整数 1—10；而各种变量以某种确定的规则被分配哥德尔数。如下的哥德尔数表即展现了基本符号和变量的具体对应规则：

哥德尔数表

（一）基本符号

符号	哥德尔数	含义
~	1	非
∨	2	或
⊃	3	如果……那么……
∃	4	存在（特称量词）
=	5	相等
0	6	零
S	7	直接后继数
(	8	左括号（标点符号）
)	9	右括号（标点符号）
,	10	逗号（标点符号）

（二）命题变量（在从 12 开始且被 3 整除的数中按序分配）

变量	哥德尔数	示例
p	12	亨利八世是个粗人
q	15	头痛止痛药效果更好
r	18	鸭子是蹒跚而行的
……	……	……

（三）个体变量（在从 13 开始且被 3 除余 1 的数中按序分配）

变量	哥德尔数	含义
x	13	数值变量
y	16	数值变量
z	19	数值变量
……	……	……

（续）

（四）谓词变量（在从 14 开始且被 3 除余 2 的数中按序分配）		
变量	哥德尔数	示例
P	14	是一个粗人
Q	17	是一种头痛止痛药
R	20	是一个鸭子
……	……	……

为了继续了解形式系统中的一个公式是如何指定哥德尔数的，我们以公式（$\exists x$）（x=Sy）为例进行讲解，它的含义是：存在一个 x，使得 x 是 y 的直接后继数；实际上它就是表明每个数都有一个直接后继数。该公式中从左至右涉及 10 个连续的符号，它们分别对应哥德尔数 8、4、13、9、8、13、5、7、16 和 9；接下来我们按照这个顺序，将哥德尔数的序列放到素数序列的指数序列上去，并将所得的素数幂之积 $2^8 \times 3^4 \times 5^{13} \times 7^9 \times 11^8 \times 13^{13} \times 17^5 \times 19^7 \times 23^{16} \times 29^9$ 作为该公式的哥德尔数。应当注意到，由于不同的公式一定具有不同的符号哥德尔数序列，因此每个公式一定有它自身对应的唯一的哥德尔数。用完全类似的方法，我们可以接着定义证明（即公式序列）的哥德尔数。假设现有一个由两个公式构成的证明，第二条公式由第一条公式所导出，例如以 0

替换刚才公式中的 y 之后，我们得到（$\exists x$）（x=S0），它表示 0 具有一个直接后继数。我们已然知晓如何定义这样两个公式的哥德尔数，这里我们将这两个数分别记作 m 和 n，那么这两个公式构成的证明序列就可以对应到 $2^m \times 3^n$ 这个哥德尔数。通过这样的方法，我们可以给该系统中任何一个公式或表达式的序列分配一个独一无二的哥德尔数。

A	100
B	4×25
C	$2^2 \times 5^2$

A	162
B	2×81
C	$2^1 \times 3^4$
D	1 4 ↓ ↓ ~ ∃
E	~∃

一个公式的哥德尔数是由其符号序列在素数序列上构造出来的，所以反过来说，哥德尔数本身就蕴含着这条公式中全体符号的信息。另一方面，并非所有的正整数都是一个哥德尔数，由上图就可以看出，100 并不是哥德尔数，因为它的素数分解跳过了 3 的幂次；而 162 是一个哥德尔数，它对应的公式的含义是“不存在”。

以上的全部工作都是构建一种将整个形式系统完全算术化的方法，本质上讲，这种方法就是在一些特定整数（即素数分解中素数幂连续出现的整数）和各种各样的系统中的元素及其构成的组合之间建立起一一对应。只要给定了一个表达式，那么我们就能唯一地确定它对应的哥德尔数。不仅如此，我们还能借助著名的算术基本定理，通过素数分解将任何一个哥德尔数反过来“翻译”成它所对应的表达式，并且这是唯一能够进行反向翻译的办法。换句话说，我们能够将某个哥德尔数作为机器的输入，让机器解构它的构建过程，最终将每个部分拼接起来，输出该哥德尔数对应的表达式或证明序列。

A	125000000
B	$64 \times 125 \times 15625$
C	$2^6 \times 3^5 \times 5^6$
D	6 5 6 ↓ ↓ ↓ 0 = 0
E	0=0

“0=0”这条算术公式对应的哥德尔数为 125000000，按照 A 到 E 的顺序阅读，就足以了解如何将哥德尔数翻译成为它对应的表达式；而按照从 E 到 A 的顺序阅读，则可以了解如何将表达式转化为它对应的哥德尔数。

我们继续介绍哥德尔的下一阶段工作。哥德尔认为元数学陈述能够通过类似映射的方式进行算术化。在地理学中，地球表面上各点之间的空间关系可以被投射到平面地图上；在数学物理中，电流的性质可以对应到流体流动性质的术语；而在数学领域本身，几何关系可以被翻译成代数关系。哥德尔注意到，如果关于一个形式系统的复杂元数学陈述能够被翻译或映照成为它自身所包含的一些算术陈述，那么我们就能在表达的清晰性和分析的便利性方面取得重要的进展。显而易见，让我们处理复杂逻辑关系的算术对应比处理这些逻辑关系本身要容易得多。用一个通俗的类比来说明这个原理：如果给超市里的每位顾客一张注明了他的等待顺序的字条，那么只需要认真检查他们手持字条上的数字，便可知道超市已经完成了多少位顾客的服务、有多少人还在等待、谁在谁之前以及谁之前有多少人等信息。

哥德尔想要实现的目标不过就是对元数学的完全算术化。如果形式系统中的每一条元数学陈述都能够被唯一地对应到某个表达数字关系的公式，那么关于元数学陈述的逻辑相关性问题的研究可以直接转化为关于其对应的整数之间关系的考察。哥德尔的确在将关于算术的元数学映射到算术本身的研究中取得了极大的成功。我们这里仅引用一个示例来阐述元数学陈述是如何对应到形式算术系统的公式的。让我们再一次搬出（$p \vee p$）$\supset p$ 这条公式，我们首先能够做出一条元数学陈述，那就是公式

（$p \vee p$）是公式（$p \vee p$）$\supset p$ 的前件（也就是蕴含关系“$\supset$”所连接的前一部分）。现在我们就能用一个算术公式去表达这个元数学陈述的结果：在蕴含关系中，前件作为公式对应的哥德尔数是整个公式对应的哥德尔数的一个因子。显然我们的例子是满足这一算术公式的，因为前件（$p \vee p$）对应的哥德尔数是 $2^8 \times 3^{12} \times 5^2 \times 7^{12} \times 11^9$，而（$p \vee p$）$\supset p$ 对应的哥德尔数是 $2^8 \times 3^{12} \times 5^2 \times 7^{12} \times 11^9 \times 13^3 \times 17^{12}$。

不可判定性

到此为止，哥德尔分析的核心已经近在眼前了。他阐明了如何构建如下的一个对应于某个具体元数学陈述的算术公式，我们将该算术公式对应的哥德尔数记作 h，而相应的具体元数学陈述为“对应于哥德尔数 h 的公式是不可证明的”。换句话说，这条算术公式（我们将其记作 G）尽管是形式算术系统中的一条合法公式，但它实际上抹杀了其自身的可证明性。接着，哥德尔还研究了 G 是否在算术系统中是一条可证明的公式，由于公式 G 本身的特点，我们能够看出 G 是可证明的当且仅当它的否定 $\sim G$ 是可证明的。可是如果一条公式连同它的否定都可由同一组公理推出，那么显然这些公理是不一致的；进一步讲，如果算术系统是一致的，那么 G 和它的否定都是不可证明的，也因此 G 在算术系统中是一条不可判定的公式。通过以上的讨论，哥德尔进一步证明了算术系统的一致性是不可证明的。事实上，算术系统是一致性的这一元数学陈述对应一条特定的算术公式，我们称其为 A；另一方面，哥德尔又说明了 $A \supset G$ 这一算术公式也是可证明的。这就表明，如果 A 是可证明的公式，那么 G 也是可证明的；但是我们已经看到 G 是不可证明的了，所以 A 也是不可证明的。一言以蔽之，在关于形式算术系统的框架下，不论采用何种形式的元数学推理，算术系统的一致性都是不可判定的。

虽然通过在一致性的算术系统内部进行元数学推理，不能证明算术系统自身的一致性，不过哥德尔的分析并没有将一般的元数学推理拒之门外。事实上，后来的数学家们确实构建了一些关于算术系统的元数学证明，尤其是希尔伯特学派成员格哈德·根岑（Gerhard Gentzen），他曾在这方面做出了突出的贡献。但是他们给出的这些“证明”从某种意义上讲是无意义的，因为他们所采用的元数学推理的内部一致性问题同他们试图考察的算术系统本身的一致性问题一样是值得商榷的。根岑在证明中所使用的推理规则允许在一个无限类的前提下导出公式，这种对非有限的元数学概念的使用无疑给希尔伯特的原初计划所要解决的问题增加了更多的困难。

我们还要提到另一个出人意料的结果。虽然哥德尔的结论已经表明了公式 G 在算术系统下是不可判定的命题，但元数学推理宣告 G 是算术系统中的一个真命题，它确实揭示了一个关于算术整数的真理。对这一结论的解释也是相当容易的，我们只需要回想哥德尔在将元数学陈述映射为算术公式时，本质上能够将每个真的元数学陈述对应到真的算术公式。如果设 C 是对应到“对应于哥德尔数 h 的公式是不可证明的”这一元数学陈述的公式，那么哥德尔已经让我们看到了，除非算术系统是不一致的，否则 C 一定是一个真命题。这样一来我们便通过元数学的论断构建了一个算术真理，但它却不是能由算术公理推得的定理。

至此，我们终于来到了哥德尔那精妙绝伦且卓越非凡的智慧交响曲的终曲。算术终究是不完备的，直白地讲，总有至少一个算术真理是不能被算术公理所推出的，但它能依赖算术系统之外的某个元数学论断而建立起来。更进一步地讲，算术更是本性不完备的，因为即使我们将真命题 C 也纳入算术系统的公理范围，这个扩充了的算术系统仍然无法形式地证明所有算术真理：扩充的算术系统仍然是涵盖整个算术的形式系统，我们还是可以构造出一个真的公式使其不能在系统的内部被推演出来；并且不论我们重复多少次扩充公理范围的操作，这个事实都是成立的。这一非凡的结论揭示了公理化方法的固有局限性。与我们先前所设想的相反，我们很难通过一次性指定好所有的公理来形式地推导出所有为真的算术命题，以使得算术真理的“大陆”完全听命于某种系统化秩序的指引。

人与计算机器

哥德尔的结论的深远意义尚未被完全发掘。这些结论已然证明了，如果我们将找寻一致性绝对证明的希望寄托在某个足够容纳整个算术的演绎系统中，并且要求这种证明满足希尔伯特原初计划中的有限性要求，那么这样的希望终究是要破灭的。同时这些结论还表明存在无穷多个真的算术命题无法通过任一组特定的公理连同一组封闭的演绎规则得到，或者可以说，对于算术而言，公理化方法永远无法穷尽人们对算术真理的认识。究竟能否构造出一个包罗万象、关于数学或逻辑真理的一般性定义，以及是否如哥德尔所认为的那样，只有贯彻彻底的柏拉图式现实主义才能找到这样的定义，这些问题我们至今仍不得而知。哥德尔的成果深刻地关系到我们是否能建造一台计算机器，使得它能如人脑一般进行数学推理。现存的计算机器往往都内置了一组固定指令，以指导计算机器按照特定的方式进行一步又一步的操作。但是根据哥德尔不完备定理，总存在无穷多个算术问题，不论机器内置的机械结构有多么精巧和复杂、运转速度多么快，它们也无法在本质上提供这些问题的答案。人类的大脑固然也存在一些自身的局限性，自然也会有很多难以解答的数学问题；但即便如此，相比于人造机器，大脑的操作规则结构的复杂性仍然具有明显的优越性。所以说，以机器人来代替人类的想法目前还只是镜花水月般的幻想。

但我们不应将哥德尔的证明视作是一种绝望的指引，存在不能够被形式化证明的算术真理这一事实也并不意味着我们将永远无法认识它们，也不意味着超然的直觉必将取代严格的证明。事实上，哥德尔只是告诉我们，人类的智力资源尚未也注定不能够被完全形式化，而新的证明原理永远等待着我们去发现和创造。至少我们已经见识到，那些无法在形式系统的内部由公理推导出的数学命题还是能够借助一种“不大正式的”、采用元数学推理的手段得以实现。同样地，无法创造一个足以匹配人脑的计算机器也并不代表我们尝试用物理和化学的语言去解释生物、大自然与人类的理性就是毫无希望的；哥德尔不完备定理既没有直接否决，也没有正面肯定这种解释的可能性，但它指出人类思维的结构和能力要比任何一个曾被构想出的冷冰冰的机器都更精细和繁复。就像哥德尔的证明一样，人类智慧的精细和繁复在这种伟大的作品中展现得淋漓尽致。这绝不是一个让人感到沮丧的时刻，而是让我们重新认识自身的创造性理性力量的机会。

推理的极限[⊖]

莱布尼茨于1686年提出的关于复杂性和随机性的思想与现代信息论相结合，表明并不存在适用于所有数学的“万有理论”。

格里高利·蔡廷（Gregory Chaitin）
宋英奇　译

1956年，《科学美国人》杂志上刊登了一篇名为《哥德尔的证明》（*Gödel's Proof*）的文章，作者是欧内斯特·内格尔和詹姆士·R. 纽曼。两年后，他们二人又出版了同名的书籍，这是一本令人赞不绝口的畅销书，直至今日仍在不断地被重印。当时我还只是个孩子，甚至都称不上是青少年，却被这本小书深深地吸引了。至今我都还记得在纽约公共图书馆发现它时的那种兴奋。我曾随身携带这本书，并试着向其他孩子解释书中的内容。

⊖　本文写作于2006年。

这本书令我心醉神迷的原因是，库尔特·哥德尔正是用数学的工具证明了数学本身是存在局限性的。哥德尔驳斥了大卫·希尔伯特的立场。希尔伯特在一个世纪前宣称存在一个描述数学全貌的理论，他认为我们可以仅通过一组有限的原理，就能不加思考地利用单调的符号逻辑规则推导出所有关于数学的真理。但哥德尔证明了数学中存在一些真的陈述是没法以这种方式推导出来的，他的结果基于两个自指的悖论——“这个陈述是假的”和“这个陈述是不可证明的”。

我穷尽一生，试图理解哥德尔的证明，现在半个世纪已然过去，我也出版了一本我自己的小书。从某种程度上讲，这就是我个人版本的《哥德尔的证明》，但我的书并不将目光锁定在哥德尔的证明本身。这两本书唯一的共同之处是，它们都体量很小，并且都以批判数学方法为目标。

不同于哥德尔的方法，我的方法基于信息量的测量，并且尝试说明有一些数学的事实是无法被压缩进一个理论的——因为它们太过复杂。这种新的思路同时意味着，哥德尔所发现的事实只不过是冰山一角——事实上，总存在无穷多个真的数学定理，它们无法由任意的有限公理体系所推出。[㊀]

㊀ 与之相比的是，哥德尔所发现的事实相当于：对于任意一个包含算术系统的有限公理体系，总存在（无穷多个）不能被该体系所推出的真命题。——译者注

复杂性与科学定律

我的故事要从戈特弗里德·威廉·莱布尼茨于1686年完成的哲学文章《形而上学论》(*Discourse on Metaphysics*)开始讲起，文章中他讨论了我们应如何将可以用某种定律描述的事实同那些不能用定律描述的、无规律的事实区分开来。《形而上学论》的第六节集中体现了莱布尼茨那简明而深刻的思想，在这一节中他说明了一个事实：用以解释一些数据的理论应当比这些数据本身更简单，否则它什么都解释不了。如果我们允许描述事实的定律具有任意高的数学复杂性，那么定律这一概念就会变得空洞无用；因为这样一来，不论数据有多么随机和无规律可循，我们都能建立一个定律去描述它们，如此一来定律就变得没有价值了。从另一个角度讲，如果能够用以描述某组给定数据的定律只能是极其复杂的，那么这组数据实际上就是无规律的，或者说是不能用规律加以描述的。

现如今，复杂性(complexity)和简单性(simplicity)这样的概念已经被算法信息论这一现代数学分支完全精确定量化了。一般信息论是通过给信息(数据)编码时所需要的最小比特(bit)数来刻画信息量的。比如说，对一个是/否的答案进行编码仅需一个比特。相比之下，算法信息论研究的是生成某组数据需要多复杂的计算机程序，程序所需的最小比特数被称为数据的算法信息量。因此，无限整数序列 1，2，3，…几乎没有什么算法信息，因为仅需要一个很短（简单）的计算机程序就可以生成所有这些数。我们并不计较程序计算所耗费的时间，或是计算过程中占用的内存大小——我们只考虑编写该程序所需要的比特长度。这里需要在以何种编程语言来编写程序的问题上做一些注解，为了严格定义算法信息量，我们应当准确指定某种编程语言，因为不同的编程语言可能会导致效果相同的程序具有不同的实际长度（复杂性），从而影响算法信息量的值。

我们再举另外一例，数学常数 π 的值是 3.14159…，它同样包含较少的算法信息量，因为通过编写一个较短的程序就可以逐位计算 π 的值。相比之下，我们随机选取一个仅有一百万位的数，如 1.341285…64，它所包含的算法信息量就要大得多。由于这样随机选取的数缺乏某种定义模式，因此每个数位的信息都需要用程序单独描述出来，这就会使得即使是最短的能够输出这个数的程序也会至少和数本身一样长：

```
Begin
Print（“1.341285…64”）#
End
```

用省略号表示的所有数字都需要在代码中显示出来，并且没有更短的程序能够计算输出这样的数字序列了。换句话说，这样的数字序列是不可压缩的，它们不包含任何的冗余度；将这种序列作为信息传输的最佳方式就是直接传输这个信息本身。这种信息也被称作是不可约的，或是算法随机的。

那么我们如上讨论的这些思想如何同科学定律和科学事实关联在一起呢？一个基本的观察是以科学的软件观出发的：一个科学理论就好比是一个计算机程序，我们用它来预测我们的观察结果和实验数据。这种观点可以从两条基本的原理中得到。第一条是奥卡姆剃刀原理[一]，对于两个解释了同一组数据的理论，相对简单的那一个总是更好的；这就意味着计算观察结果的最小程序往往是最优理论。第二条是莱布尼茨的观点，用现代的语言解释就是：如果一个理论同它所要去解释的数据具有同等信息量，那么这个理论便是无用的，因为即使是最随机的数据也有一个同等信息量的理论。我们可以总结出这样的认识：一个有用的理论是对数据的压缩，对数据的理解过程就是压缩的过程——将数据压缩到计算机程序中，压缩到具体的算法描述中。理论越是简单，我们对数据的理解就越深刻。

充足理由律

尽管生活在计算机程序诞生之前 250 年的时代，莱布尼茨却

[一] 由英国逻辑学家奥卡姆提出，他指出：如无必要，勿增实体，即“简单有效原理”。——译者注

已经产生了十分接近于算法信息这一概念的思想了。他已经完全领悟了其中的奥妙与精髓，可惜他从未将这些细节关联到一起。他认识到万事万物可以作为二进制的信息来表示，他还构筑了人类历史上第一台可用于计算的机器，因此他充分见证到了计算的威力，并且对于复杂性和随机性等概念进行过深入的讨论。

当然了，倘若莱布尼茨真的能把这些想法都组合在一起，那么他很有可能会对自己的哲学支柱之一产生质疑，即莱布尼茨所提出的“充足理由律”（the principle of sufficient reason），他认为一切现象和事物都有其发生和产生的原因。更详细一点地讲，如果某件事是真的，那么一定有某个具体的原因使得它是真的。或许这一想法听上去有些令人难以置信。但莱布尼茨断言，即使我们很多时候无法看清事物背后的原因（也许是因为一个个原因组成了一根很长的链条，同时它们之间的组合方式又十分微妙），但上帝总会看见原因所在。总之，原因就在那里！在这一层面上，莱布尼茨与诞生了这一想法的古希腊人是完全一致的。

在对充足理由律的信仰上，数学家们与莱布尼茨是不谋而合的，因为他们总在尝试去证明一切事物的内在原理。不论有多少证据能够作为某个定理的支持，哪怕是有数百万个足以令人相信定理为真的演示案例，数学家们也在谋求一个对绝对一般情形的证明，少一丁点儿都不行。

这恰好是算法信息的概念如此令人震撼的原因，它在关于事物起源和认知极限的哲学讨论上做出了惊人的贡献。这一概念揭示了这样一个事实：确实存在一些不依赖任何理由就能够成立的数学事实，这样的发现与充足理由律的精神是截然相反的。

的确，正如我将要展示的一样，事实上有无穷多个数学事实是不可约的，这意味着没有任何一个理论可以解释为什么它们是真的。这些事实不仅是计算不可约的（即将它们实现成计算机程序是无法压缩的），同时也是逻辑不可约的（即将它们作为逻辑系统的公式是无法被导出的）。唯一能够“证明”它们正确性的方法只有把它们直接置于公理系统中，而不进行任何的推理过程。

不难看出，“公理”这一定义与逻辑不可约的概念是非常接近的。公理是一些“不证自明”的数学事实，我们不会去尝试从更简单的原理中证明公理。所有形式上的数学理论都是起源于公理的，然后由这些公理进行逻辑推理而导出各种结果，我们将之称为定理。早在两千年前的亚历山大，欧几里得就做过同样的事情了，他的几何论文一直是人类数学探索进程中的典范之作。

在古希腊，如果你想说服同胞们支持你正在争论的观点，你就应当同他们一起推演你所认定的事实。我猜这就是为什么古希腊人能够产生用数学证明而非通过实验发现来认识这个世界的思想。相比之下，美索不达米亚文明和古埃及文明显然更倾向于用实验来解决问题。推理无疑是一种极富成效的研究方法，它指引着现代数学、理论物理学以及所有相关学科的发展，这其中就包括构建高度凝结了逻辑学和数学的机器——计算机的技术。

所以这是不是就代表着我认为科学和数学两千年来所沿袭的道路已经山穷水尽了呢？是的，从某种意义上来讲，是的。我将用来诠释逻辑和推理的能力存在极限的反例，以及我能论证的确存在无穷个不可证明的数学事实的依据，正是我接下来要谈论的数——我称之为 Omega㊀。

Omega

250 年前莱布尼茨所发表的著名文章让我们第一次走近了 Omega 这个数。在 1936 年出版的《伦敦数学会会报》上，阿兰·M. 图灵展示了一种简单而通用的可编程数字计算机的数学模型，从而开启了计算机的时代。他接着追问："我们能否判断一个给定的计算机程序是否会停机㊁？"这就是著名的图灵停机问题（halting problem）。

诚然，如果你运行了一个程序，那么当你观察到它停机的时候，你就知道它确实是个可停机的程序。可一个非常基本的问题在于，我们什么时候决定放弃观察一个（看上去）一直在不停进行运算的程序。尽管对于许多特殊的程序，我们能够通过某种方

㊀ 又被称为"蔡廷常数"（Chaitin's constant）。——译者注

㊁ 在图灵机模型中，如果一个程序在有限步的计算后以接受或非接受状态停止计算，则称该程序停机，否则该程序不停机。——译者注

式解决以上的停机难题，但是图灵证明了对于停机问题的一般性解答是不存在的。也就是说，没有任何一个算法，或者任何一个数学理论，能够告诉我们何种程序是停机的，何种程序是永不停机的。顺带说一句，当我说“程序”一词时，其实指的是现代语言中的计算机程序连同程序中所要读取的数据的结合体。

当我们将所有可能的程序放在一起考虑时，我们就再一次接近了 Omega 这个数。如果随机选取一个程序，它是否会停机呢？我们就定义 Omega 为停机发生的概率。首先我需要说明如何随机选取一个程序。其实一个程序本质上不过是一个比特序列，我们可以通过掷骰子的方式去随机决定一个程序作为比特序列的各位数值。这个比特序列的长度应当是多少呢？只要这个程序的输入需要另一个比特，我们就掷一次骰子；也就是说，如果某个长度下的某个程序不停机，我们就再随机选取下一位比特来延长程序，直到它出现停机就不再延长了[㊀]。我们可以以输入某个比特序列的方式来模拟这个程序在图灵机上的计算，那么 Omega 就是图灵机在任一随机输入下最终停机的概率。这里需要说明的是，Omega 的具体数值取决于计算机编程语言的选取，但是 Omega 那些令人惊奇的性质却不受这种选取的影响。一旦编程语言被确定下来，

㊀ 该操作表明所选取到的停机程序具有某种前缀性质：如果比特串 a 是比特串 b 的前缀，那么如果图灵机在输入 a 后停机，则 b 作为图灵机的输入也是停机的，因为图灵机将 b 中 a 的部分读写完毕后会直接停机。——译者注

Omega 就会有具体的数值，就像 π 或者数字 3 那样。

作为一个概率值，Omega 自然处于 0 到 1 之间，因为停机或不停机的程序总是存在的。我们想象一下 Omega 被写作二进制数的样子，你大概会得到一个类似于 0.1110100…这样的数。Omega 小数部分的数字构成了一个不可约的比特串，同时每个数位上比特值的确定是一个不可约的数学事实。

Omega 能够以一个无穷和的形式被定义，每个 N 比特长度的停机程序为这个无穷和贡献了 $1/2^N$ 的值。换句话说，任何一个 N 比特长的停机程序都将使得 Omega 在二进制形式下小数点后的第 N 位比特加 1；将所有停机程序提供加 1 的效果加总，我们就能得到 Omega 的精确值。这个描述会让你误以为我们能够精确计算 Omega 的数值，就像 2 的平方根或 π 的值一样；但实际上并非如此——Omega 的确是一个良定义的数且具有一个具体的数值，但是它不可能被完整地计算出来。

Omega 是如何定义的?

为了认识 Omega 这个数的具体值是如何定义出来的，我们来看下面的一个简化的例子。假设计算机正在处理的所有程序中只有三个能够停机，它们分别对应比特串 110，11100 和 11110。这三个程序分别具有 3，5，5 的比特长度。如果我们用掷骰子的方式随机选取一个程序，则选取到如上三个程序的概率分别为$1/2^3$，$1/2^5$和$1/2^5$，因为每个比特都具有特定的概率1/2。所以该计算机对应的Omega的值（即停机概率）由下面的式子所给出：Omega$=1/2^3+1/2^5+1/2^5=0.001+0.00001+0.00001=0.00110$。

这个二进制数就是在随机选取程序时以上三个程序其中之一能够被选中的概率，因此这也就是这台计算机的停机概率。注意到，因为110所对应的程序是停机的，那么任一以110开头、长度大于3比特的程序我们便不再考虑了——比如说1100或1101；也就是说，我们不再因为选取到这两个程序而在Omega的计算中增加0.0001了。我们认为所有以110为前缀的程序都已经包含在110程序本身的停机情形中了。换个说法就是，程序具有自定界的性质：如果程序已经停机了，那我们不再需要更多的比特（去构造输出相同的程序）了。

为什么Omega是不可压缩的？

我想要说明Omega是一个不可压缩的数，也就是说，我们不能用一个长度远小于N比特的程序去计算Omega的前N个比特。我的证明将涉及Omega数和与之密不可分的图灵停机问题之间的精巧组合。特别地，我会利用这样一个事实：N比特程序的图灵停机问题不能用一个长度小于N比特的程序来解决。

我用来证明Omega的不可压缩性的策略是，如果Omega的

前 N 个比特被精确得到，那么 N 比特程序的图灵停机问题也能被解决。进而上面事实的一个推论便是，不存在长度小于 N 比特的程序能够计算 Omega 的前 N 个比特。这是因为，如果这样的程序存在，那么我就能够计算 Omega 的前 N 个比特，从而再利用这些比特信息解决 N 比特的图灵停机问题——但我们知道这对于小于 N 比特的程序来说是不可能的任务。

接下来我们就来看如何利用 Omega 的前 N 个比特解决相关的 N 比特的图灵停机问题，即确定哪些长度不超过 N 比特的程序能够停机。我们通过分步开展计算来说明这一事实。首先我们用整数 K 来标记我们所处的步骤：K=1，2，3，…。

在第 K 步，我们将所有不超过 K 比特长的程序都运行 K 秒。接着我们计算到第 K 步为止时的停机概率，将其称为 Omega_K。显然 Omega_K 不会超过 Omega 的值，因为我们仅仅考虑了所有停机程序的一个子集，而 Omega 的值涉及所有的停机程序。

随着 K 的增加，Omega_K 的值也将越来越接近 Omega 的实际值，自然也会有越来越多的 Omega_K 的前位比特确定下来——也就是说，和 Omega 对应的前位比特完全一致。

一旦前 N 个比特的具体值被确定了下来，你就完全清楚了在所有不超过 N 比特长度的程序中，哪些你碰到过的程序最终实现了停机。（如果有另一个不超过 N 比特的程序在确定了 Omega 前 N 个比特后的某个步骤 K 时停止了运行，那么 Omega_K 的值就会超过 Omega，这是矛盾的。）

所以我们就能够利用 Omega 的前 N 个比特来解决 N 比特的图灵停机问题。现在假设我们可以用一个远小于 N 比特的程序来计算 Omega 的前 N 个比特，那么我们可以将这个程序与计算 Omega_K 的算法程序结合起来，产生一个比 N 比特短的程序来解决 N 比特的图灵停机问题。

然而，如前所述，我们知道这样的程序是不存在的。因此，必须要有一个长度至少在 N 比特左右的程序来计算 Omega 的前 N 个比特。这就足以说明 Omega 是不可压缩或不可约的了（对于充分大的 N 而言，从 N 比特到略小于 N 比特的压缩本质上是无关痛痒的）。

我们能够确定 Omega 是不可计算的数，因为一旦 Omega 的数值被确定下来了，我们就可以解决图灵停机问题，但图灵停机问题已经被证明是不可解决的。具体地说，只要知道 Omega 小数点后的前 N 位信息，我们就能够判定每个至多 N 比特长度的程序是否会停机。同时这表明我们至少需要知道一个 N 比特长度的程序，才能参与到 Omega 数第 N 个比特的计算。

应当注意，我并不是说计算 Omega 的某些数位都是不可能的。比方说，如果我们知道对应比特串为 0、10 和 110 的计算机程序是停机的，那么我们就能将 Omega 数的前几位计算到 0.111。关键在于，仅凭借那些长度小于 N 比特的程序的停机信息是无法计算出 Omega 的前 N 位数的。

最重要的是，Omega 为我们展示了一个由无穷个不可约比特组成的序列。对于任一给定的程序，就算这个程序对应的比特序列有数十亿的长度，也仍有 Omega 中无穷个比特值是该程序无法计算出来的。所以说，给定任何一组有限的公理，这些不可计算的比特也构成了该系统中无穷个不可证明的事实。

因为 Omega 是不可约的，我们可以立即得出一个结论：涵盖整个数学的理论是不存在的。Omega 所包含的无穷个比特（不论它们每个是 0 还是 1）是不容争辩的数学事实，但是这些事实不能从任何比这个比特串更简单的原理中得到。因此我们可以说，数学拥有无限的复杂性，但任何一个单独的理论都仅具有有限的复杂性；想用一个只有有限复杂性的系统去捕捉大千世界中的一切丰富的数学真理，只是痴人说梦。

这一结论并不意味着证明是没有用的，我也绝不是反对推理本身。有些事实是不可约的不代表我们就要放弃推理。不可约的原理——公理一直都是数学的一部分。而 Omega 只是提醒了我们，不可约的原理远比我们想象的要多得多。

所以说，也许数学家不必去尝试把证明作为认识一切事物的唯一方法，有时他们只需要增添一些新的公理——当你真的遇到不可约的事实，这是你必须要做的事。真正的困难在于，如何认识到某个事实是不可约的。从某种意义上讲，我们承认某个事实是不可约的就是一种放弃，因为这就是承认我们永远都没法证明它。只不过数学家宁死也不愿承认他们证明不出来某个事实，这就同物理学家形成了鲜明的对比；因为物理学家更乐于走实用主义的路线，他们更偏爱合理的推理，而非严格的证明。物理学家对新的原理和新的科学定律一直保有开放的态度，这有利于他们对新的领域进行探索。这引出了我所认为的一个非常有趣的问题：数学像物理学吗？

数学和物理学

人们对数学和物理学的传统认识是截然不同的。物理学根据实验和观察来描述这个宇宙。不论是牛顿运动定律还是粒子物理中的标准模型，这些掌管着宇宙规律的定律一定是由经验确定的，它们就像数学中的公理一样被明确规定了：它们不能够被逻辑所证明，人们自然不会去真正验证它们。

与物理学不同的是，数学一定意义上是独立于我们的宇宙的。数学中的各种结果和定理，比如说关于整数和实数的性质，与我们发现和认识它们时所借助的现实的特性是毫无关联的。所以数学事实在任一宇宙中都是成立的。

然而数学和物理学又是极为相似的。在物理学乃至所有的一般科学中，科学家们都会将实验和观察的结果压缩（总结）为科学定律，接着再演示他们得到的定律是怎样作为这些观察数据背后的原因的。数学所做的事是完全类似的，数学家们将计算的实验结果压缩为数学公理，接着再演示他们所设定的数学公理是怎样推导出定理的。

如果希尔伯特是对的，那么数学将会变成一个封闭的系统，不容许任何新的想法自由生长，用以描述整个数学的理论也将变成一套静态而封闭的理论。事实上，数学理论进步的内在动力是不断产生的新思想和充足的创造性空间。仅仅根据一组固定的基本原理机械地推导出所有可能的结果是远远不够的。我更青睐于一个开放的系统，而不喜欢僵化和专制的思维方式。

一个认为数学像物理学的人是伊姆雷·拉卡托斯（Imre Lakatos），他于 1956 年离开匈牙利，后来又在英国从事科学哲学研究。在那里，拉卡托斯构想出了一个伟大的名词——“准经验主义”（quasi-empirical）。准经验主义意味着，即使我们没法在数学中进行真正的实验，也会有类似的东西可以替代它。例如，哥德巴赫猜想断言任何大于 2 的偶数都可以表示为两个素数之和。这个猜想是从实验的数据中总结得到的，那么从经验上讲，这一猜想对于任何一个我们想要去检验的偶数都将是正确的。尽管这个猜想还没有被完全证明，但是一直到 10^{14} 以内的数都已经被验证了。

我认为数学就是一门准经验主义的学科。换句话说，我能感到数学和物理学的本质还是不同的（物理学完全是一门经验主义的学科），但这种差异并不如我们想象中的那么大。

我身处数学和物理学的世界已经很久了，我从不认为这两个领域有巨大的差异。它们二者仅仅在对各种问题的重视程度上有所不同，但并不是一种绝对的差别。毕竟，数学和物理学总是共同进化、互利共生的。数学家们不应当把自己孤立起来，不应当切断他们同新思想的源泉之间的紧密关联。

新的数学公理

选择将新的公理添加到原公理系统中的想法对数学来说从来都不是陌生的。一个著名的例子是欧氏几何中的平行公设：给定平面上的一条直线与直线外的一点，则过该点有且仅有一条直线与给定直线是不相交的。几个世纪以来，几何学家们一直好奇这条公理是否可以从其他几条欧氏几何的公理中得到。答案是不能。结果就是，数学家们意识到他们可以用其他不同的公理来代替这条平行公设，于是一些弯曲空间上的非欧几何应运而生了，比如球面和鞍面上的几何。

还有一些其他的例子，比如逻辑学中的排中律和集合论中的选择公理。大多数数学家都喜欢在他们的证明中使用这些公理，尽管其他的数学家对此不屑一顾，他们探索的是所谓的直觉逻辑或构造主义数学。数学从来都不是关于绝对真理的单一而僵化的结构！

我们再举一个非常有趣的公理案例——“$P \neq NP$”猜想。P 和 NP 都是问题类型的名称。NP 问题指的是在给定答案的前提下我们能够迅速验证其正确性的问题。比如说对于“求解 8633 的素因子分解”这一问题，如果我们事先得知该问题的一个答案“97 和 89”，那么我们就能迅速通过简单的乘法来证明这一答案的正确性（这里所说的“迅速”其实是一个有严格定义的性质，不过其具体细节在这里并不重要）。而 P 问题指的是我们能够迅速解答出来的问题，即使我们并没有被事先告诉任何一个可能的答案。一个重要的问题是——这个问题实际上尚未有人给出答案，是否每个 NP 问题都能够被迅速解答？（比如是否存在一种快速分解 8633 的方法。）也就是让我们判断，P 和 NP 是否指的是同一类问题。这一猜想已经成为千禧年大奖难题之一，任何解决这些问题之一的人都能获得一百万美元的奖励。

计算机科学家普遍认为 $P \neq NP$，但没有任何已知的证明。我们可以说从若干准经验主义的证据上可以看出 P 和 NP 确实是不相等的。所以 $P \neq NP$ 能否作为一条公理被人们接纳呢？事实上，计算机科学领域内部已经有了这样的共识。与这一问题密切相关的就是目前世界上广泛使用的密码系统的安全性。基于这样的公理，密码系统被认为是免疫恶意攻击的，只不过没有人能够证明这一点。

实验数学

数学和物理学的另一个相似领域是实验数学：充分利用计算机的强大运算能力来考察大量的例子，从而发现新的数学结果。

尽管这种方法不如简短的证明有说服力，但它比起冗长而极其复杂的证明更令人信服，甚至对于某些研究目的而言，计算机实验的方法已经足够充分了。

在过去，这种方法被乔治·波利亚（George Pólya）和拉卡托斯这两位启发式推理和数学准经验主义本质的笃信者坚决地守护着。这种方法论在斯蒂芬·沃尔夫勒姆（Stephen Wolfram）的《一种新科学》（*A New Kind of Science*）中也得到了实践和验证。

大量的计算机计算确实具有强大的说服力，但这种做法是否会影响到证明方法存在的必要性？答案可以说是，也可以说不是。事实上，计算机实验的方法的确从另一个角度提供了可靠的证据。在一些重要情形下，我认为计算机验证和逻辑证明都是必要的。因为证明并不一定是完美无缺的；另一方面，我们可能会碰到类似于计算机在恰好找到足以推翻猜想的反例之前停止这样的倒霉事。

所有这些问题都很有趣，但距离彻底解决它们还有很远的距离。现在是 2006 年，而距离《哥德尔证明》在《科学美国人》杂志上的发表已经过去了 50 年，我们仍然不知道不完备性会带来怎样的严重后果。我们也不知道不完备性是不是在提醒我们，数学应该以不同的方式来处理。也许再过 50 年我们就会知道其中的奥秘。

不可解的物理问题源于数学[㊀]

经过几年的研究之后，三个数学家发现物理学中的一个重要问题是无法解决的，而这意味着许多其他问题可能也是不可判定的。

托比·S. 丘比特（Toby S. Cubitt）
戴维·佩雷斯－加西亚（David Pérez-García）
迈克尔·沃尔夫（Michael Wolf）
程　斌　王希鸣　译　　翁文康　审校

2012 年夏季的一天，我们三人坐在阿尔卑斯山深处的奥地利小镇塞费尔德（Seefeld）的一家咖啡馆里。我们被困住了，并不是困在咖啡馆里——那天阳光明媚，阿尔卑斯山上的积雪闪闪发光，诱人的风光吸引着我们放弃困住我们的数学问题，走到户外去。我们正试图探索库尔特·哥德尔（Kurt Gödel）和艾伦·图灵（Alan Turing）在 20 世纪取得的数学成果与量子物理之间的关联。至少，我们梦想着这种联系的存在。这个梦想的源头要回

㊀ 本文写作于 2018 年。

溯到 2010 年，当时，我们在斯德哥尔摩的米塔 – 列夫勒研究所（Mittag-Lefer Institute）参与一个持续一学期的量子信息项目。

其实，我们研究的一些问题之前已有人探讨过，但对我们来说，这个研究方向还是全新的，因而我们从简单的地方入手。开始，我们试图证明一个不太重要的小结果来找找感觉。几个月过去了，我们总算是有了一个（还算过得去的）证明。但是为了使这个证明成立，我们必须以一种不自然的方式去构建问题。这就像故意改变问题以适应答案，让我们不怎么满意。2012 年，我们在塞费尔德的一个研讨会上重聚。在第一场报告结束后的休息期间，我们再次提起了这个问题。但我们仍然无法找到解决问题的方法。沃尔夫半开玩笑地问道："为什么我们不去证明人们真正关心的某些问题是不可判定的呢，比如谱隙？"

当时，我们对某些物理学问题是"可判定的"还是"不可判定的"非常感兴趣——也就是说，这些问题究竟能不能解决？在探索一个很少有人关心的小问题的可判定性时，我们被卡住了。而沃尔夫提议解决的谱隙问题（之后我们会解释）是物理学中的一个关键问题。当时，我们并不知道这个问题是不是可判定的（虽然我们预感到它不可判定），也不确定我们能否给出证明。但如果我们能做到的话，这个结果将与物理学切实相关，更不用说这本身就是一个巨大的数学成就了。沃尔夫雄心勃勃的建议尽管是当作一个玩笑提出的，却开启了我们的大胆探险。在经历 3 年时间，写出 146 页的数学推演过程之后，我们关于谱隙不可判定的证明在《自然》(*Nature*) 上发表了。

要理解这意味着什么，我们需要回到 20 世纪初，追溯几个促成现代物理学、数学和计算机科学诞生的线索。这些想法都可以回溯到德国数学家大卫·希尔伯特 (David Hilbert)。他被公认为是数学领域过去 100 年中最伟大的人物 (当然，在数学圈子之外几乎没有人听说过他。这个学科并不是扬名立万的好途径，尽管它有吸引人的地方)。

量子力学中的数学

希尔伯特对数学的影响是巨大的。很早的时候，他就发展了一个叫作泛函分析的数学分支——特别是其中一个叫谱理论的领域。在我们的证明中，谱理论也是最终解决问题的关键。希尔伯特对这个领域的兴趣纯粹是出于抽象的原因，但这种情况经常出现：要解决一个让当时的物理学家困惑不已的问题，他的数学理论恰恰是必需的。

如果你加热一种物质，随着其中的原子发射光线，它会变亮。路边的钠灯发出的橙黄色光就是一个很好的例子：钠原子主要发射波长为 590 纳米的光，刚好处于可见光谱的黄色部分。当原子内的电子在能级之间“跳跃”时，原子会吸收或释放光子，并且光的频率精确地取决于各能级之间的能隙。因此，材料受热时发出的光为我们提供了原子不同能级之间能隙的“地图”。原子的辐射现象是物理学家在20世纪上半叶努力解决的一大问题。这个问题直接导致了量子力学的发展，而希尔伯特的谱理论所提供的数学工具在其中扮演了重要角色。

在这些能隙中，有一个尤为重要。材料能到达的最低能级被称为基态，这是它在没有热运动时所处的能级。为了使材料进入基态，科学家必须将其冷却到极低的温度。之后，如果这种材料表现出了任何不属于基态的行为，那么必然有某些东西将其激发到了更高的能级。对于材料来说，最简单的办法就是去吸收一份能量，也就是刚好把它带到高于基态的下一个能级——第一激发态的能量。基态与第一激发态之间的能隙非常关键，通常被称为“谱隙”。

谱隙问题

本文作者数学证明的目标是谱隙问题——谱隙是指某种材料基态和第一激发态之间的能量差。提到能级，我们通常会想到的是原子中的电子，它们会在不同能级间上下跃迁。尽管原子中的能级之间总会有间隙，但在由许多原子组成的更大的材料中，基态跟第一激发态有时候会完全重合：即使是最小份的能量也足以让材料跃迁到更高的能级。这样的材料被称为“无谱隙”的。作者证明了要判定所有的材料是有谱隙还是无谱隙是不可能的。

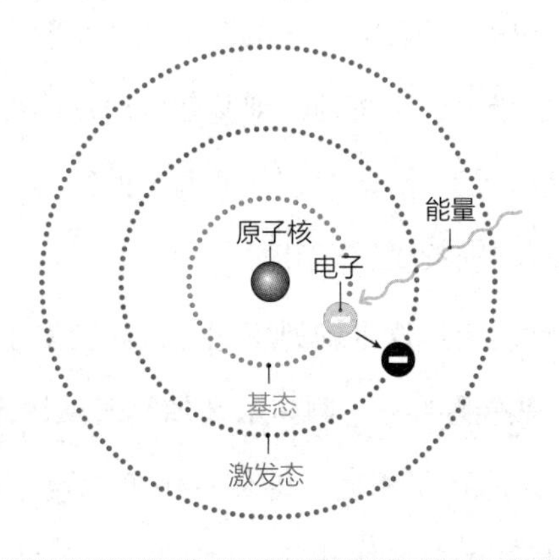

有谱隙的系统

每个能级之间都有离散的能隙，材料必须吸收一定的能量才能跃迁到上一个能级。

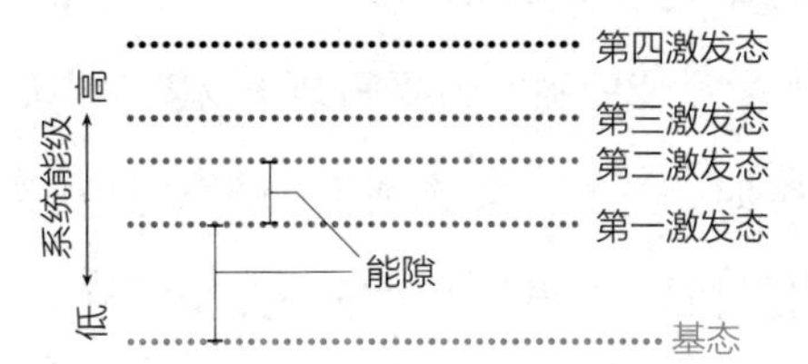

无谱隙的系统

基态和第一激发态之间没有能隙，只需要输入非常小的能量就能让材料激发。

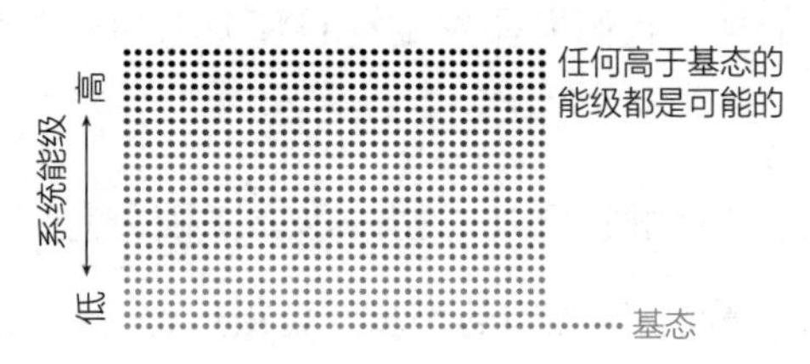

插图：Jen Christiansen

在一些材料中，基态与第一激发态之间有较大的谱隙。而在其他材料中，能级可以一直延伸到基态，根本不存在谱隙。材料“有谱隙”还是“无谱隙”，对其在低温下的行为影响很大。这在量子相变中起着特别重要的作用。

当材料的性质突然发生剧烈变化时，就会发生相变。有一些相变是我们非常熟悉的——例如水在加热时从固态转变为液态。但还有更多奇异的量子相变，即使在极低温度下也能发生。例如，改变材料周围的磁场或其承受的压强，可以使绝缘体变成超导体，或让固体变成超流体。

但是，在绝对零度（–273.15℃）下根本没有热来提供能量，材料又是如何发生相变的呢？这要归结于谱隙。当谱隙消失，也就是材料无谱隙时，达到激发态所需的能量变为零。即使最少的能量也足以让材料发生相变。实际上，由于有在极低温下支配物理现象的奇异量子效应，材料能从虚无中暂时“借”到能量来发生相变，然后再把能量“还”回去。因此，为了理解量子相变和量子相，我们需要判定材料何时有谱隙，何时又是无谱隙的。

谱隙问题是理解物质量子相的重要基础，它在理论物理学中无处不在。凝聚态物理中的许多问题最后都可以归结为求解某些特定材料的谱隙问题。一个密切相关的问题甚至出现在粒子物理学中：有证据表明，描述夸克及其相互作用的基本方程有一个“质量间隙”。大型强子对撞机（LHC）等粒子加速器得到的实验数据支持这一观点，超级计算机模拟得到的结果也一样。但从理论上严格证明这个想法看来非常困难。事实上，这个被称为杨－米尔斯存在性与质量间隙的问题被克雷数学研究所列入了千禧年大奖难题，任何解决这个问题的人都可以获得 100 万美元的奖金。以上的所有问题都是一般谱隙问题的特例。但是，对于任何试图解决这些问题的人来说，我们有个坏消息——我们的证明显示，这个一般性问题比我们想象的更棘手。而原因可归结到“判定问题”（Entscheidungsproblem）上。

无法回答的问题

在 20 世纪 20 年代，希尔伯特已经开始考虑将数学建立在一个坚实而严格的基础上——这个努力被称为“希尔伯特项目”。他相信，不管是怎样的数学猜想，原则上我们都可以证明它是真还是假。（但最好不能证明它既真又假，否则数学就出大事了！）这个想法或许看上去是不证自明的，但数学需要建立具有绝对确定性的概念。希尔伯特想要一个严格的证明。

1928 年，他构想了“判定问题”。它问的是，是否存在可以判定一个数学命题是真还是假的步骤或“算法”。

例如，使用基本逻辑和算术可以很容易地证明“任意整数乘以 2 得到偶数”这一命题是正确的。但其他命题就不是这么显而易见了。比如下面这个例子：任取一个正整数，如果是奇数则乘以 3 再加 1；如果是偶数则除以 2。重复这个过程，你最终总会得到数字 1。”

对希尔伯特来说很不幸，他的希望破灭了。1931 年，哥德尔发表了一些意义重大的研究成果，现在被称为哥德尔不完备定理（Gödel’s incompleteness theorem）。哥德尔指出，存在某些与整数相关的数学命题，虽然完全合理，但既不能被证明也不能被证伪。从某种意义上说，这些命题超出了逻辑和算术力所能及的范围。而哥德尔证明了这一论断。如果你觉得这很难理解，那你跟大多数人一样。哥德尔不完备定理从根本上撼动了数学的基础。

下面这个例子可以让人体会一下哥德尔的理论是怎样的。如果有人告诉你，“这句话是谎话”，那这个人说的是真话还是谎话呢？如果他或她说的是真话，那么这句话实际上是谎话。但如果他或她在说谎，那这句话就是真的。这种困境被称为“骗子悖论”。即使是一个看起来完全合理的句子，也无法确定它是真还是假。哥德尔做的就是仅用基本的算术构建一个严格的数学版本的骗子悖论。

另一个在“判定问题”的故事中扮演了重要角色的人是英国计算机科学家、数学家图灵。对一般公众来说，图灵最著名的事迹可能是在二战时期破解了德军的英格玛（Enigma）密码。但对科学家来说，他最出名的是 1937 年的论文《论可计算数及其在判定问题上的应用》（*On Computable Numbers, with an Application to the Entscheidungsproblem*）。受到哥德尔研究成果的影响，年轻的图灵对希尔伯特的判定问题给出了一个否定的答案。他证明，不存在可以判定一个数学命题是真还是假的通用算法。美国数学家阿朗佐·丘奇（Alonzo Church）也在图灵之前独立地证明了这一点。但是图灵的证明方法更为重要。在数学中，对某个结果的证明通常比结果本身更重要。

为了解决判定问题，图灵必须先精确地定义什么是“计算”。如今我们认为计算机是个放在我们的桌子上、大腿上甚至口袋里的电子设备。但是它在 1936 年并不存在。事实上，计算机“computer”这个词最初是指用笔和纸进行计算的人。在数学上，你在高中时用纸和笔进行的计算跟一部现代的台式计算机所做的并没有差别——只是你算得要慢得多，而且更容易出错。

图灵提出了一种理想化的假想计算机，名为图灵机。虽然这个非常简单的假想机器看起来并不像现代计算机，但它可以计算最强大的现代计算机所能计算的一切问题。事实上，任何可计算的问题

（甚至是量子计算机或尚未发明的31世纪计算机上的问题）都可以在图灵机上计算出来。只是图灵机花费的时间要长得多。

图灵机有一条无限长的纸带和一个“读写头”。读写头每次可以在纸带上读写一个符号，然后沿着它向右或向左移动一步。计算的输入就是最初写在纸带上的符号，而输出是图灵机最终停止运行（停机）时留在纸带上的所有内容。图灵机的发明甚至比判定问题的解更重要。对于何为计算，图灵给出了一个精确的、在数学上严格的定义，由此创立了现代计算机科学。

构建了这个计算机数学模型之后，图灵接下来证明了不存在解决“停机问题”（判断任意一个程序是否能在有限的时间内结束运行）的通用算法。当时，这个结果是令人震惊的。如今，数学家已经习惯了这样的事实：任何我们研究的猜想都既可能被证明或证伪，也可能不可判定。

图灵机

现代计算机出现之前，数学家图灵设想了一种理论设备——图灵机，用来定义什么叫“计算”。这个机器能读取并操作写在无限长纸带上的符号。这个概念是本文作者对谱隙问题不可判定性证明的核心。

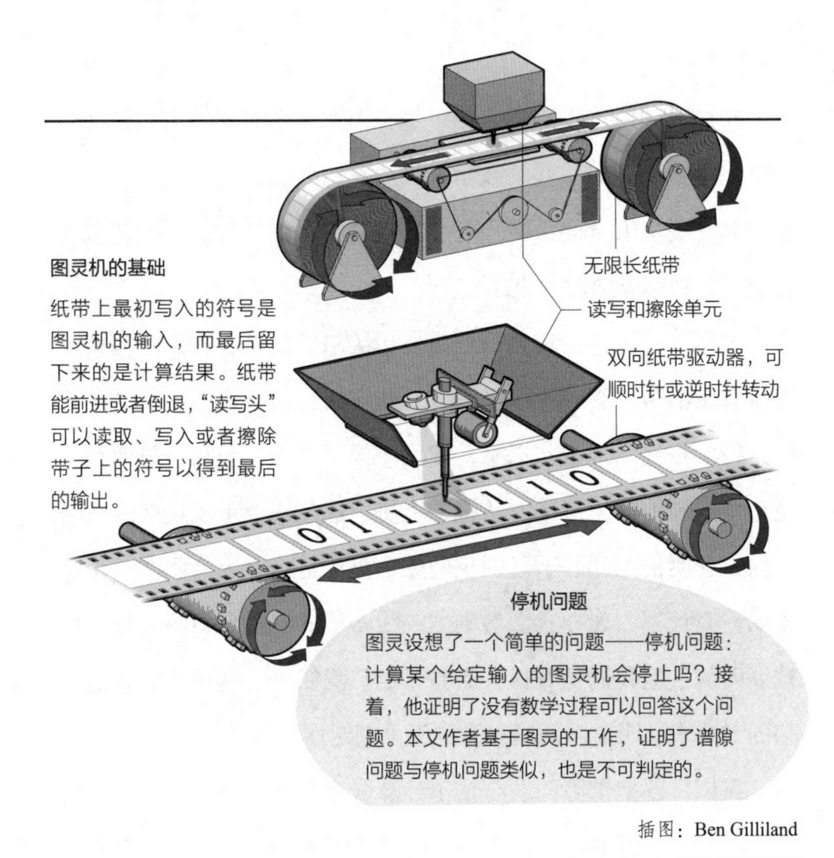

图灵机的基础
纸带上最初写入的符号是图灵机的输入，而最后留下来的是计算结果。纸带能前进或者倒退，“读写头”可以读取、写入或者擦除带子上的符号以得到最后的输出。
无限长纸带
读写和擦除单元
双向纸带驱动器，可顺时针或逆时针转动
0 1 1 1 1 0
停机问题
图灵设想了一个简单的问题——停机问题：计算某个给定输入的图灵机会停止吗？接着，他证明了没有数学过程可以回答这个问题。本文作者基于图灵的工作，证明了谱隙问题与停机问题类似，也是不可判定的。

插图：Ben Gilliland

材料量子态中的图灵机

在我们的结果中，我们必须将所有这些不同的线索重新组合在一起。我们想要把谱隙问题中的量子力学、不可判定性中的计算机科学和希尔伯特的谱理论结合起来，去证明谱隙问题就像停机问题一样，也是一个哥德尔和图灵教给我们的那种不可判定问题。

2012 年，在咖啡馆聊天时，我们有了一个点子，可用来证明一个比谱隙问题弱一些的数学结果。我们随意地讨论了一下，甚至没有在餐巾纸背面涂画。它看起来似乎可行。然后下一场报告开始了，我们就暂时放下了它。

几个月后，丘比特去慕尼黑拜访沃尔夫，做了我们在塞费尔德没有做的事：在一张纸上写下一些方程，说服自己这个方法的确可行。在接下来的几周里，我们完成了论证，并在一份四页的笔记中规整地写了下来。从概念上讲，这是一个重大进展。在此之前，证明谱隙问题不可判定的想法更像是一个玩笑而非一个严肃的研究计划。现在我们看到了一线希望——这个问题是有可能被证明的。但我们仍有很长的路要走。我们无法通过扩展我们最初的方法来证明谱隙问题本身的不可判定性。

我们试图把谱隙问题与量子计算联系起来，来取得下一次突破。1985 年，物理学家理查德 · 费曼（Richard Feynman）发表了一篇论文，其中提出了量子计算机的概念。在那篇论文中，费曼展示了如何将量子系统的基态与计算联系起来。计算是一个动态过程：你为计算机提供输入，而它通过许多个步骤来计算结果并输出一个答案。但量子系统的基态是完全静态的：基态只是材料在绝对零度时的状态，是绝对静止的。那它怎么能进行计算呢？

答案来自量子力学的一个标志性的特征：叠加性，即物体同时占据多个状态的能力。比如说，埃尔温·薛定谔（Erwin Schrödinger）著名的量子猫可以既死又活。费曼提出，可以构建这样一个量子态：计算的各个步骤同时叠加在一起，包括初始输入、每个中间步骤以及最终输出。后来，加州理工学院的阿列克谢·基塔耶夫（Alexei Kitaev）进一步发展了这一设想。他构造了一种假想的量子材料，这种量子材料的基态看起来跟费曼说的量子态一样。

如果我们使用基塔耶夫的构造方法，将图灵机的整个历史叠加起来作为材料的基态，我们能把停机问题转换成谱隙问题吗？换句话说，我们是否可以证明任何解决谱隙问题的方法都可以解决停机问题？图灵已经证明停机问题是不可判定的，所以这将证明谱隙问题也不可判定。

把停机问题编码到量子态中并不是一个新的想法。现任职于麻省理工学院的塞斯·劳埃德（Seth Lloyd）在近二十年前就提出了这个方法，用来证明另一个量子问题的不可判定性。加拿大圆周理论物理研究所的物理学家丹尼尔·戈特斯曼（Daniel Gottesman）和加利福尼亚大学欧文分校的桑迪·艾拉尼（Sandy Irani）曾用基塔耶夫的方法来证明，即使是单线相互作用的量子粒子也可以表现出非常复杂的行为。事实上，我们希望使用的就是戈特斯曼和艾拉尼构造的版本。

但谱隙问题是一个不同的问题，而且我们遇到了一些明显无法克服的数学障碍。第一个障碍是如何把输入加载到图灵机中。要知道，停机问题的不可判定性考察的就是图灵机在计算给定输入时是否会停机。我们该如何设计假想的量子材料，才能把图灵机的输入编码到基态上呢？

在处理那个更早的问题（那个在塞费尔德的咖啡馆中卡住我们的问题）时，我们想到了一个解决这个问题的办法，就是在粒子之间的相互作用中加入一个“扭转”（twist），并利用这个旋转的角度来构建图灵机的输入。2013 年 1 月，我们在北京的一次会议上相遇，共同讨论了这个方案。但我们很快意识到，我们需要证明的内容几乎与量子图灵机的已知结果矛盾。于是我们决定，在继续推进这个研究计划之前，我们需要完整而严格地证明我们的想法是可行的。

当时，丘比特加入佩雷斯 – 加西亚在西班牙康普顿斯大学的研究团队已有两年多了。就在那个月，他改去剑桥大学任职了。不过，他新找的公寓暂时还不能入住，于是他的朋友，同样是量子信息学家的阿什利 · 蒙塔纳罗（Ashley Montanaro）让他在自己家借住一段时间。在那两个月里，丘比特着手写下这个想法的严格证明。他朋友每天早上都能看到正准备去睡觉的他，面前摆着一排空咖啡杯。丘比特整晚都在琢磨证明的细节，然后记下来。在那两个月结束时，丘比特给我们发送来了完整的证明。

来自密铺平面的灵感

这个 29 页的证明可以帮助我们跨越障碍，将量子材料的基态与图灵机的计算联系起来。但这与我们的目标之间还有一个更大的障碍：这样得到的量子材料总是无谱隙的。如果它总是无谱隙的话，这种特殊材料的谱隙问题就很容易解决了：答案就是无谱隙!

不过，我们在塞费尔德想到的第一个点子能克服这个障碍。其中的关键在于运用“密铺”(tiling)。想象一下，你要用瓷砖铺一个无限大的浴室的地板。这些瓷砖有一个非常简单的特点：四条边的颜色各不相同。你有很多箱瓷砖，任何两箱瓷砖四条边的颜色组合都不相同。现在，再假设每个箱子里都有无限多的瓷砖，而你在为这个无限浴室铺设地板时，相邻瓷砖挨着的两条边的颜色必须相同。这有可能做到吗?

答案取决于你使用哪些箱子里的瓷砖。有一些瓷砖可以，有一些不行。在你选择要购买的瓷砖之前，你肯定想知道能否做到让相邻瓷砖贴着的两条边颜色都相同。但不幸的是，在 1966 年，数学家罗伯特·伯杰(Robert Berger)证明这个问题是不可判定的。

为无限大的浴室铺设地板的一种简单方法是，先铺出一个符合上述要求的小矩形，并使得它的对边颜色相同。然后，你就可以重复这个矩形图案，铺满整个地板。因为每隔几块瓷砖就会重复，所以这种图案是周期性的。密铺平面问题不可判定的原因在于，非周期性的密铺方法也存在：有些图案能铺满这个无限大的地板而不重复。

当初，我们在讨论第一个小结果的时候，研究了加利福尼亚大学伯克利分校的拉斐尔·鲁滨孙（Rafael Robinson）在 1971 年对伯杰的原始证明所做的简化。鲁滨孙构造了一个含有 56 种不同瓷砖的集合。当这个集合里的瓷砖被用于密铺时，会产生一种大正方形嵌套小正方形，一层一层无限放大的图案。这种分形图案看起来有周期性，但事实上，它们永远不会重复。我们曾激烈地讨论如何利用这个密铺平面理论来证明某些量子特性的不可判定性。但在那时，我们并没有考虑过谱隙问题。

铺满无限大的浴室地板

为了把谱隙问题跟停机问题联系起来，作者考虑了一个经典的数学问题：如何铺设一个无限大的地板。想象一下，你有一箱子的特定瓷砖，你想用它们来铺设地板，并使瓷砖相邻两条边的颜色相同。在某些情况下，这是可以做到的。我们既可以铺成一个重复的“周期性”图案，也可以铺成一个“非周期性”的分形图案。

周期性密铺

这类经典问题有一个版本，考虑的是有包含 5 种颜色的 3 种瓷砖。在这种情况下，要把地板铺成瓷砖相邻的边颜色相同是有可能的，只需要先构造一个正方形，然后重复铺设就可以了。这个正方形对边的颜色相同，所以只需要把它一个接一个地重复摆放就能完成密铺了。

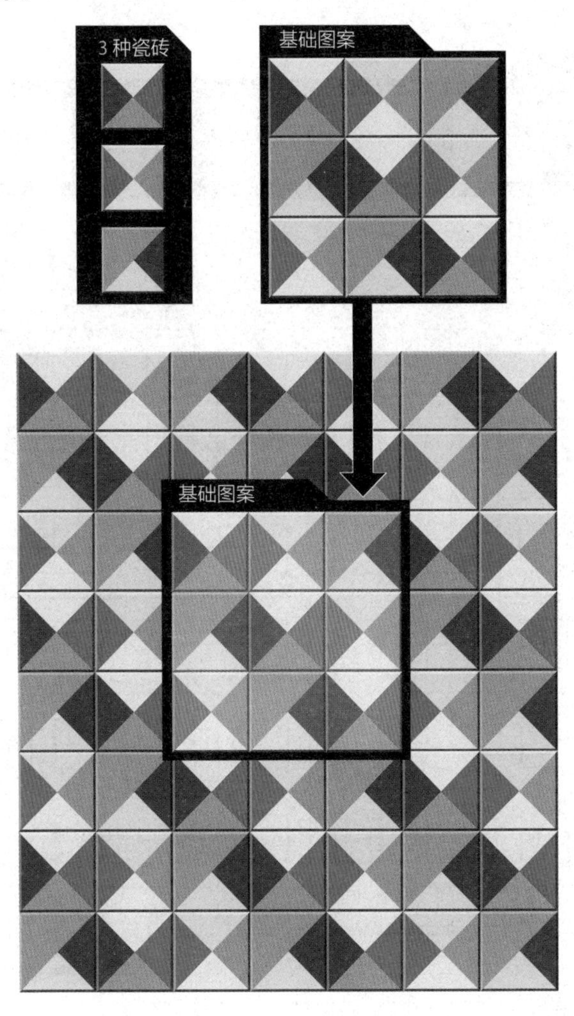

非周期性密铺

在作者的证明中，他们使用了数学家拉斐尔·鲁滨孙在 1971 年设计的一组特殊的瓷砖。鲁滨孙以一种无限嵌套的结构铺设瓷砖，图案并不会重复，而是会产生一种类似分形的结构。图中这 6 种瓷砖任意旋转都可以。也有其他方法可以把这些瓷砖铺设成周期性的图案，但鲁滨孙为瓷砖加入更多花纹，设计出了一套共有 56 种的瓷砖，对于这套瓷砖，只能用图中的方式进行密铺。

插图：Jen Christiansen

2013 年 4 月，丘比特前往 IBM 的托马斯·J. 沃森研究中心，拜访了查利·贝内特（Charlie Bennett）。贝内特成就卓著，他是量子信息理论的创始人之一，20 世纪 70 年代还曾在图灵机领域做了一些开创性工作。我们想向他咨询一些证明的技术细节，以确保我们没有忽略某些东西。贝内特说，他有 40 年没考虑过这种问题了，现在是年轻一代接手的时候了（然后他向我们解释了他 1970 年代的研究中一些微妙的数学细节，这对我们非常有帮助，并让我们确信，我们的证明没有问题）。

贝内特拥有丰富的科学知识。因为跟我们讨论过图灵机和不可判定性，所以他用电子邮件给我们发送了不少关于不可判定性的旧文献。其中之一就是我们曾研究过的鲁滨孙在 1971 年的论文。现在，是时候让我们在早先讨论时播种下的想法发芽了。重读鲁滨孙的论文时，我们意识到，这正是我们需要的、能防止谱隙消失的东西。

我们最初的想法是将一个图灵机编码到基态上。但通过仔细设计粒子之间的相互作用，如果图灵机会停机，我们可以使基态能量更高一些。谱隙将取决于图灵机是否会停机。这个想法只有一个问题，然而这是一个很大的问题。随着粒子数量的增加，它们对基态能量的贡献越来越接近于零，这最终会导致材料总是无谱隙的。

但是，在采纳了伯杰的密铺构造后，我们可以将许多完全相同的图灵机编码到基态上。事实上，我们可以在鲁滨孙的密铺图案中的每个方格都附上一个图灵机。因为这些图灵机都相同，所以如果其中一个停机了，它们都会停机。所有这些图灵机贡献的能量会累积起来。随着粒子数的增加，密铺图案中的方块数会变得越来越多。因此，随着图灵机的数目增加，它们总的能量贡献会变得巨大，谱隙也就可能出现了。

越写越长的证明

我们证明的结果仍然存在一个重大缺陷。当材料有谱隙时，我们无法确定谱隙有多大。这种不确定性给了别人批评这个结果的理由：谱隙太小了，也就可能不存在。我们需要证明，谱隙如果存在的话，它实际上会相当大。我们最初想到的解决方法是考虑三维材料，而非我们一直以来研究的二维平面材料。

当你不停地思考一个数学问题时，你可能会在最意想不到的地方取得进展。戴维在一次监考时，脑海中还在思索这个想法的细节。他在大教室的几排桌子中间走过，全然忘记了周围奋笔疾书的学生。考试一结束，他就把这部分证明写到了纸上。

现在我们知道，出现大的谱隙是有可能的。我们能在二维材料中得到这个结果吗，还是说三维是必需的？回顾一下在无限浴室中铺地面的问题。我们需要证明的是，对于鲁滨孙的密铺方法，如果你在某个地方铺错了瓷砖，但其他地方的颜色仍然是对的，那最后的图案只会在以错误瓷砖为中心的小块区域中被打乱。

如果我们能够证明鲁滨孙密铺方法的这种“稳健性”（robustness），那就意味着只对密铺做一点破坏，不会得到较小的谱隙。

到了 2013 年夏末，我们感觉证明中的所有部分都是可行的。但仍有一些重要的细节需要解决，比如证明密铺的稳健性可与证明的其他部分合并，以得到一个完整的结果。剑桥大学牛顿数学研究所在 2013 年举办了一次长达整个秋季学期的量子信息特别研讨会，我们三个人都获邀参加。这是一起完成这个研究的绝佳机会。但是戴维不能在剑桥待很长时间，所以我们决定在他离开前完成证明。

牛顿研究所到处都有黑板——甚至在洗手间里都有！我们在走廊挑了一块黑板（这是最靠近咖啡机的）来进行讨论。我们花了很长时间补全缺失的想法，然后分配任务，在数学上严格地实现这些想法。这个过程让我们花费的时间和精力比想象中多得多，远不像在黑板上看起来那么简单。随着戴维离开的日期临近，我们几乎每个白天以及大部分的夜晚都在不停工作。就在他出发回国的前几个小时，我们终于完成了证明。

在物理学和数学领域，研究者通常会先把初稿上传到 arXiv 预印本服务器，把大部分的结果公开，然后才投到期刊进行同行评审。尽管我们对自己的整个论证非常自信，而且已经跨过了最困难的部分，但我们还没做好发布证明的准备。还有很多数学细节有待补充完整。我们还想重写和整理论文（我们希望借此来减少页数，但最后完全失败了）。最重要的是，虽然证明的每一部分都由我们中的至少一个人检查过，但还没有人从头到尾地检查过整个证明。

2014年的夏天，戴维与沃尔夫一起在慕尼黑理工大学休假，丘比特去和他们会合。我们计划在这段时间一行一行地检查并完善证明。戴维和丘比特共用一个办公室。每天早上，戴维都会带着一沓新的论文稿过来，大量的笔记和问题被潦草地写在文稿边缘和夹在其中的纸片上。我们三个会各自拿着一杯咖啡，从前一天停下的地方开始，在黑板上讨论证明的下一步。下午，我们会分配工作，来重写论文、增加新材料以及仔细检查下一步的证明。丘比特饱受腰椎间盘突出的折磨，坐不下来，所以他只能把一个垃圾桶翻过来放在桌子上，然后把笔记本电脑放在上面来工作。戴维坐在对面，不断增多的打印纸和笔记占据了他桌子上越来越多的空间。有几次，我们发现了证明中一些关键的地方有跳跃。虽然这些都是可以补充完整的，但这意味着我们要添加大量的材料。于是论文的页数在不断地增加。

6周后，我们检查、完善并改进了每一行的证明。把所有东西写下来又花了我们6个月的时间。最后，在2015年2月，我们将论文上传到了arXiv。

证明带来的启示

那最终这146页复杂的数学证明究竟告诉我们什么？

首先，也是最重要的，它给出了一个在数学上非常严密的证明，表明量子物理的一个基本问题通常是无法解决的。注意，这里的“通常”很关键。尽管停机问题通常是不可判定的，但对于某些特定的输入，一般还是可以判定图灵机会不会停止。例如，如果输入的第一条指令就是“停止”，那答案就非常明显了。同样，如果第一条指令告诉图灵机永远循环下去，那也一样。因此，尽管不可判定性意味着我们无法解决所有材料的谱隙问题，但对于某些特定的材料，谱隙问题还是完全可能解决的。实际上，凝聚态物理学中这样的例子到处都是。不过，我们的结果严格证明了，即使能完美描述材料中粒子的微观相互作用，也并不总是足以推断出其宏观性质。

你可能会问，这一发现对“真实的物理”有什么启示吗？毕竟，科学家总可以在实验中测量谱隙。想象一下，我们根据数学证明设计一种量子材料，并在实验室中制造出来。当然，这种材料的相互作用非常复杂，以至于这个任务远远超出了科学家能力的极限。但如果我们能做到，然后取一小块材料，试着测量它的谱隙，这个材料并不会举手说：“我不能告诉你，因为这是不可判定的。”实验肯定会测到什么东西。

之所以看似自相矛盾，原因在于，“有谱隙”和“无谱隙”这两个词严格地说只有在材料无限大的时候才有数学意义。即使是非常小的一块材料也包含了大概 10^{23} 个原子，对于普通材料，这已经够大了，与无限大几乎没有任何差别。但对于我们在证明中构造的非常奇怪的材料，“大”并不等价于“无限”。也许在有 10^{23} 个原子的时候，实验中材料会展现出无谱隙的样子。为了确认，你取了两倍大小的样本再次测量，结果依然是无谱隙的。然后，某天深夜，你的研究生进入实验室，增加了仅仅一个原子。第二天早上，当你再次测量它时，这材料已经变得有谱隙了！我们的结果证明，材料究竟在多大的时候会发生这个转变是无法计算的（跟你现在熟悉的哥德尔和图灵的结果是差不多的意思）。这个故事是虚构的，因为我们无法制造这种复杂的材料。但在严格数学证明的支持下，它表明，科学家通过外推实验结果来推断大尺寸材料的性质时必须特别小心。

现在我们回到杨 - 米尔斯问题——描述夸克及其相互作用的方程是否存在质量间隙。计算机模拟表明答案是肯定的，但我们的结果表明，要想确定这一点可能是另一回事。如果我们让模拟的系统更大一点，那么杨 - 米尔斯质量间隙的计算机模拟证据是否会消失？我们的结果无法回答，但它确实让我们看到了一个有趣的可能：杨 - 米尔斯问题，以及其他重要的物理学问题也可能是不可判定的。

那么，几年前在阿尔卑斯山中那个小咖啡馆里，我们最初尝试证明的那个不太重要的小问题现在怎么样了呢？实际上，我们还在研究着呢。